AF475440

Ports.

Pl. 1.

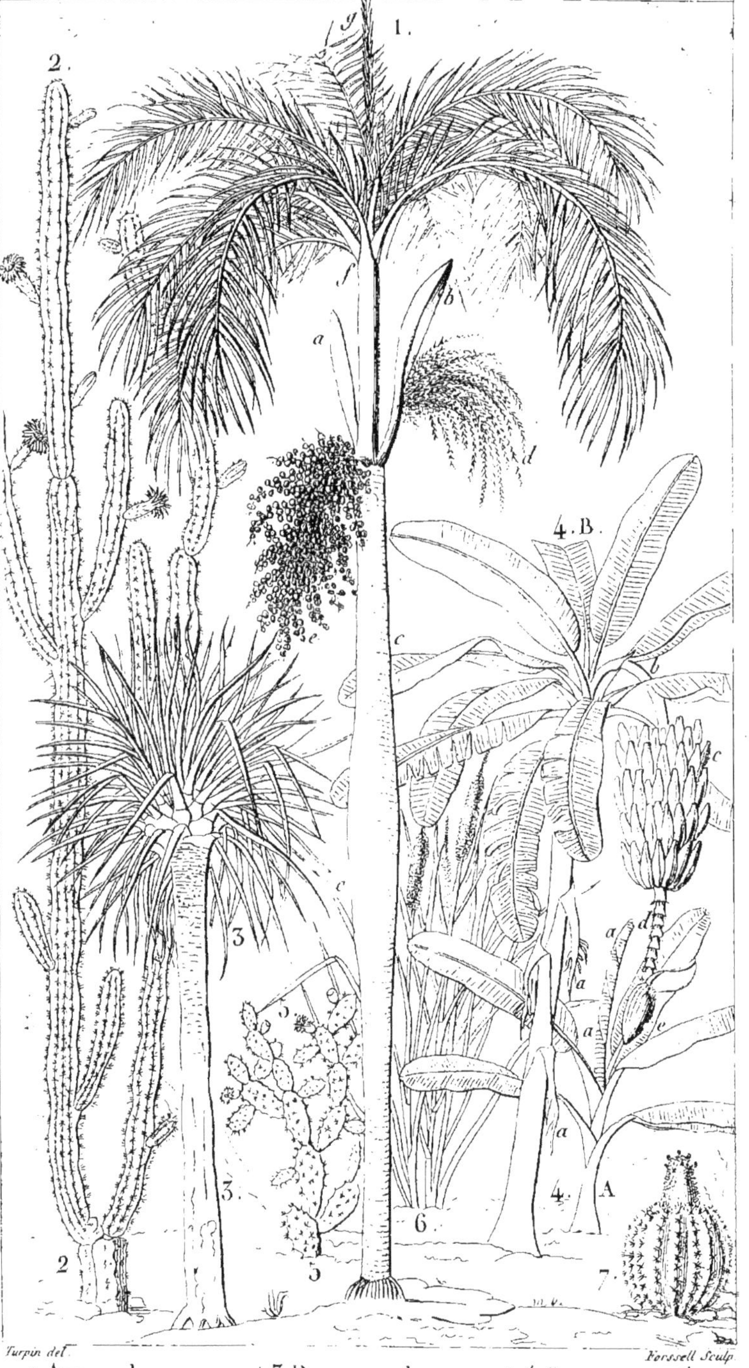

Turpin del. Forssell Sculp.

1 Areca oleracea. | 3 Dracæna draco. | 5 Cactus opuntia.
2 Cactus peruvianus. | 4 Musa paradisiaca. | 6 Typha latifolia.
7 Cactus melocactus.

Ports. Pl. 2.

1. 2. 3. 4

Turpin del. Forssell Sculp.

1 Yucca aloifolia.
2 Saccharum officinale.
3 Ferula tingitana.
4 Cymbidium echinocarpon.

Ports. Pl. 3

1 Populus fastigiata.	4 Maranta arundinacea.	7 Phallus impudicus.
2 Salix babylonica.	5 Sarracenia purpuea.	8 Agaricus cretaceus.
3 Chamærops humilis.	6 Dionæa muscipula.	

Ports.

Pl. 4.

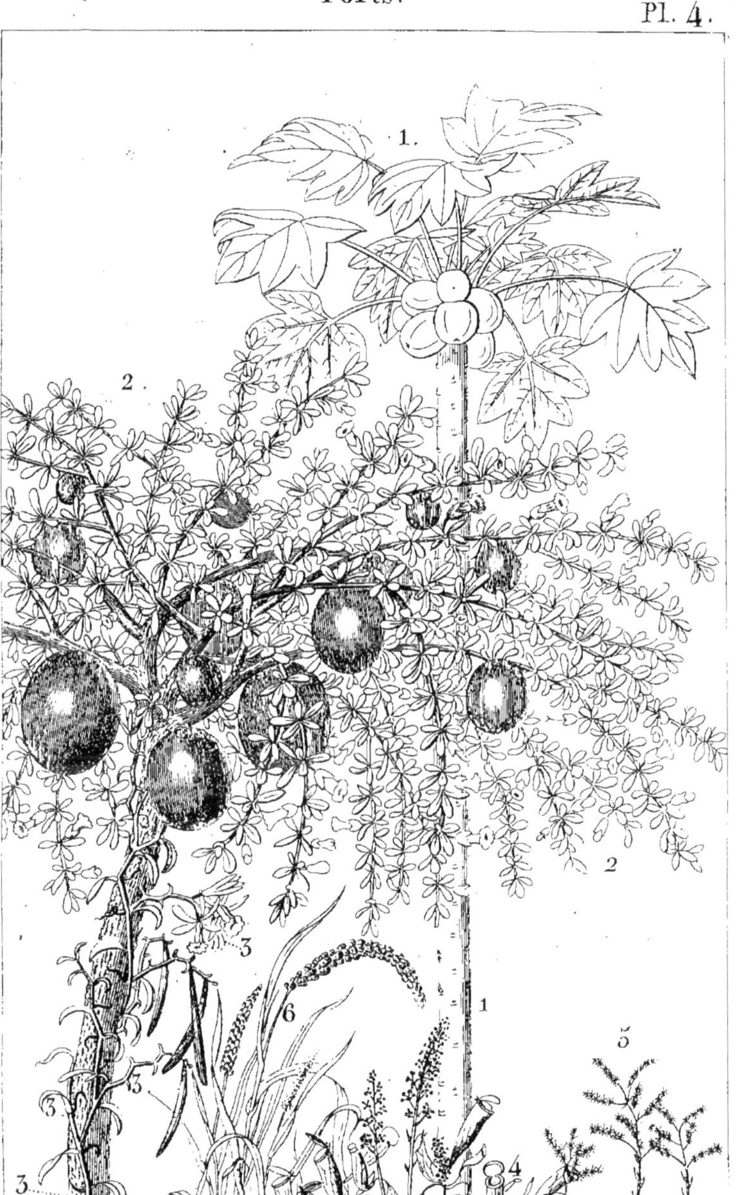

1 Carica papaya. | 4 Nepenthes distillatoria.
2 Crescentia cujete. | 5 Sempervivum tectorum.
3 Vanilla aromatica. | 6 Panicum italicum.
7 Clathrus cancellatus.

Ports. Pl. 5.

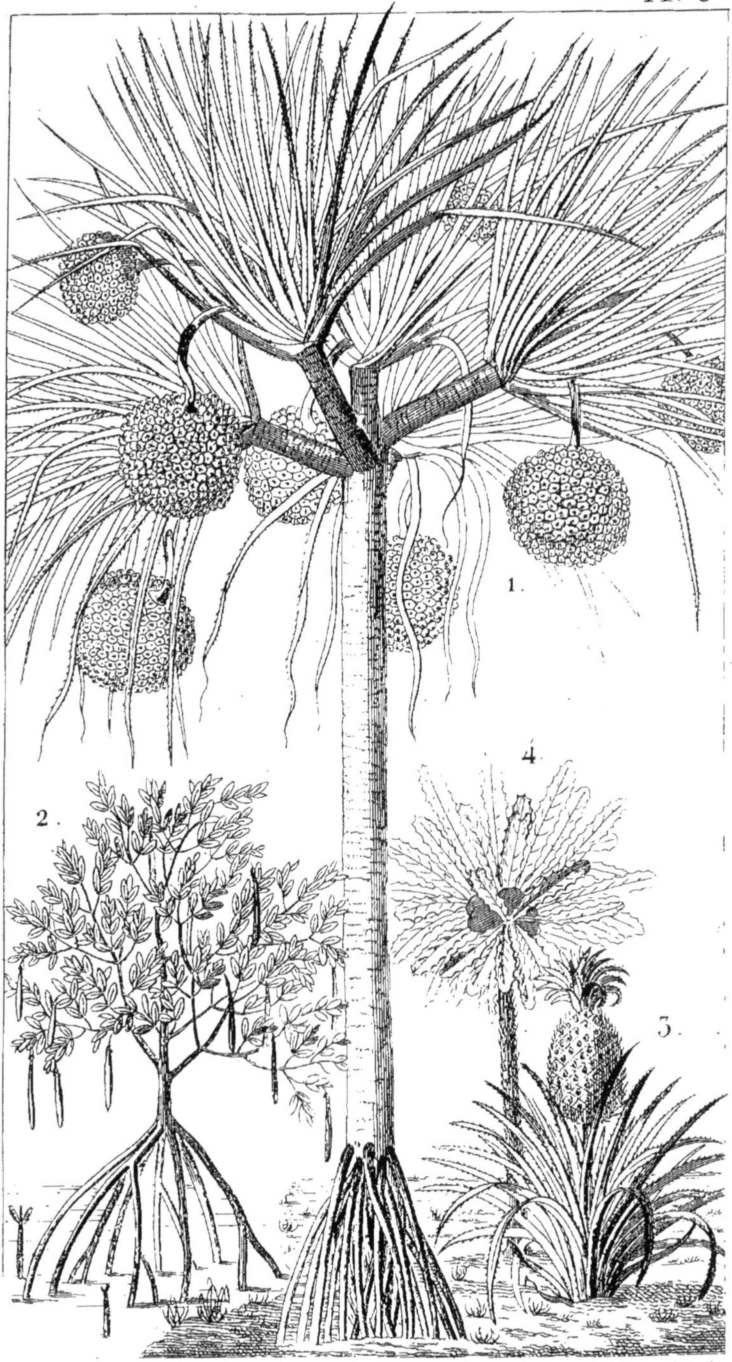

n del. Forssell Sculp

1 Pandanus. | 3 Bromelia ananas.
2 Rhizophora mangle. | 4 Theophrasta americana.

Turpin del. *Forssell Sculp*

1 Casuarina
2 Agave americana
3 Stizolobium altissimum
4 Passiflora quadrangularis
5 Cyperus papyrus
6 Iris germanica
7 Hippuris vulgaris.

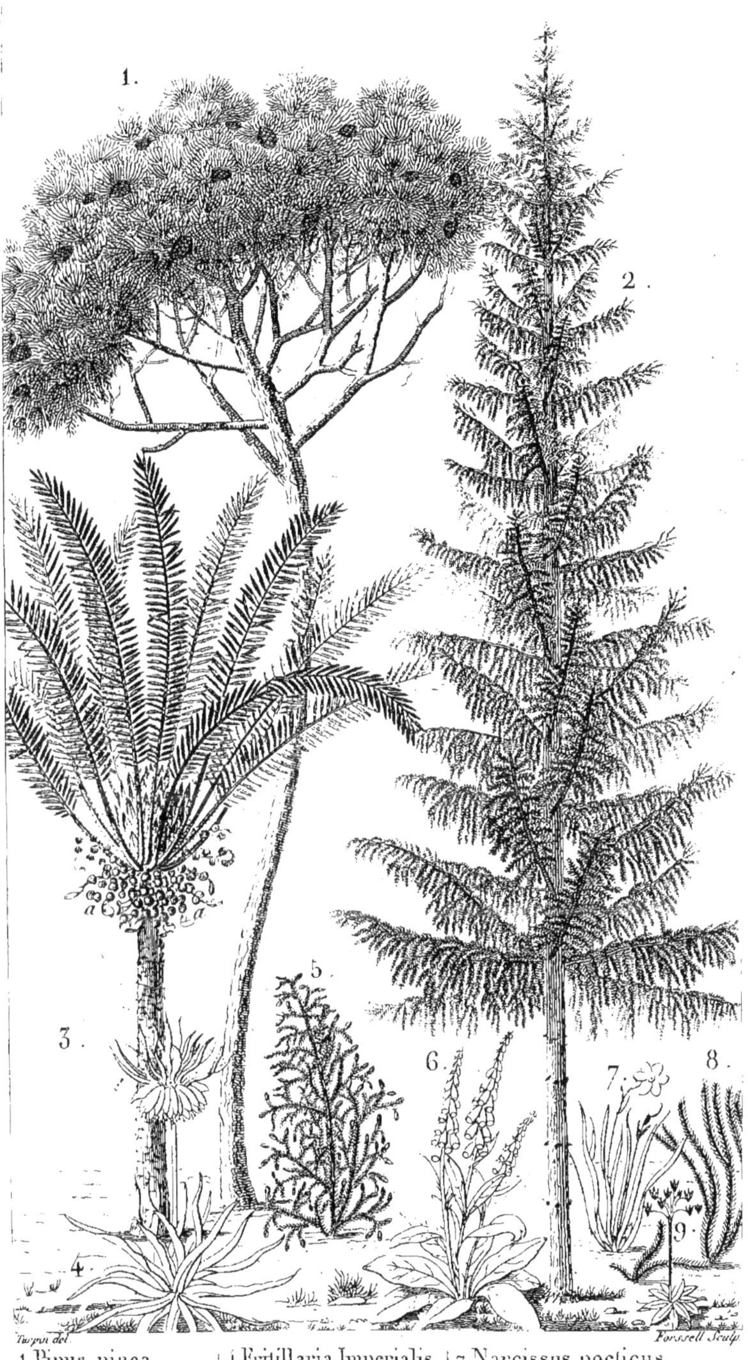

Turpin del. Forssell Sculp.

1 Pinus pinea.
2 Abies picea.
3 Cycas circinalis.
4 Fritillaria Imperialis.
5 Lycopodium cernuum.
6 Digitalis purpurea.
7 Narcissus poeticus.
8 Lycopodium alopecuroïdes.
9 Dodecatheon meadia.

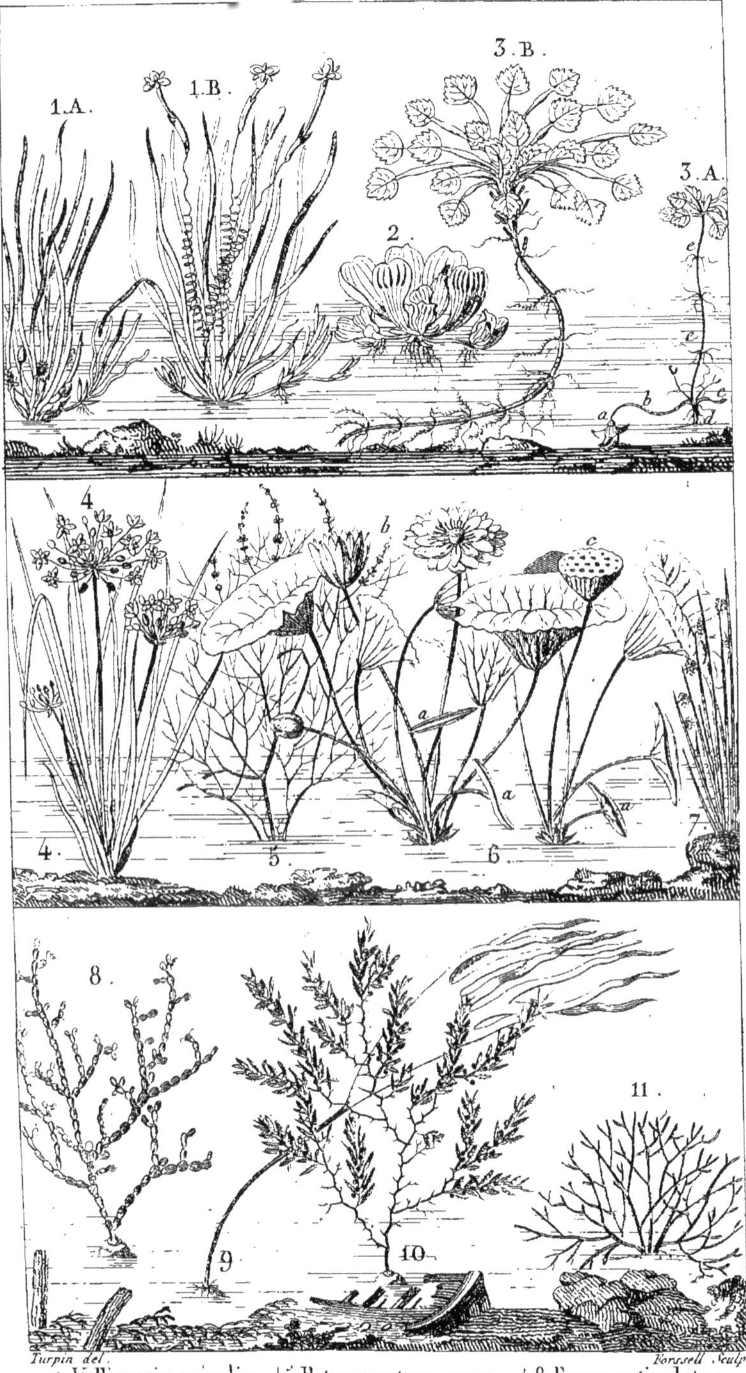

1 Vallisneria spiralis.
2 Pistia stratiotes.
3 Trapa natans.
4 Butomus umbellatus
5 Potamogeton compressum.
6 Nelumbo nucifera.
7 Juncus conglomeratus.
8 Fucus articulatus.
9 Fucus digitatus.
10 Fucus natans.
11 Fucus obtusatus.

Organisation des tiges. Pl. 9.

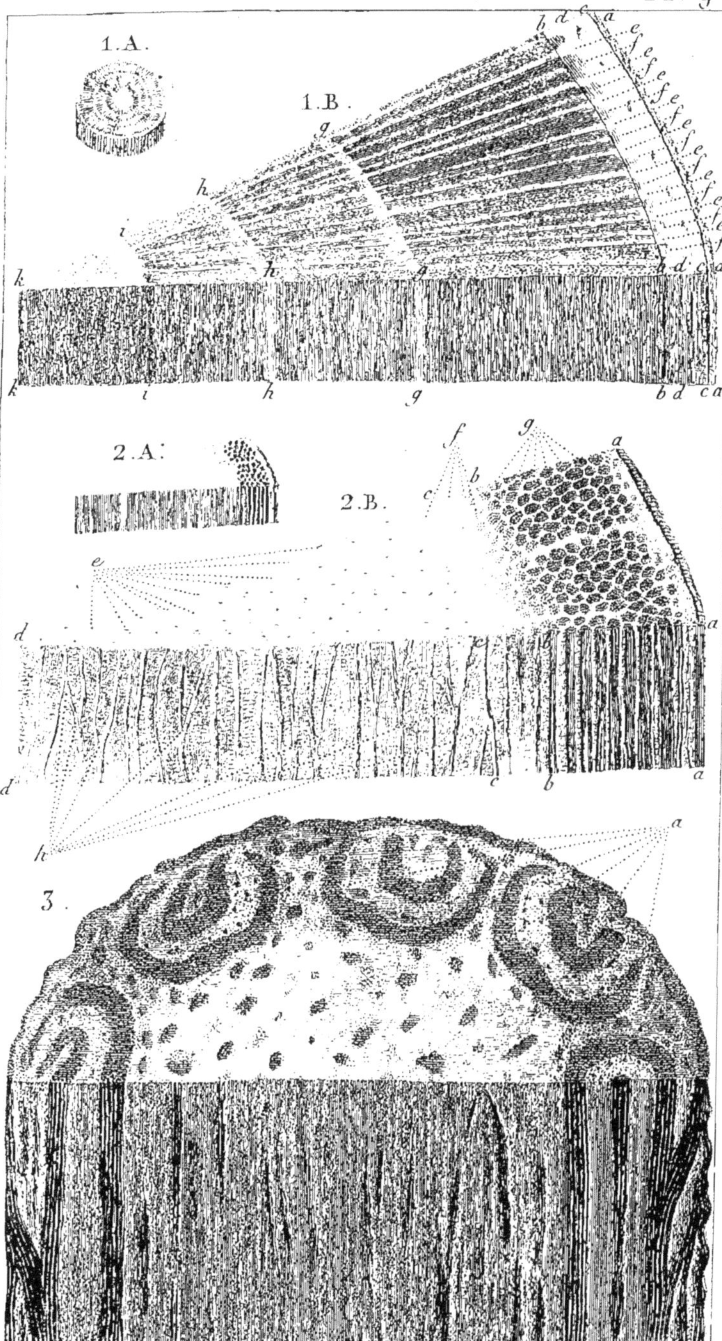

B.H. Forssell Sculp.

Organes élémentaires.

Pl. 10.

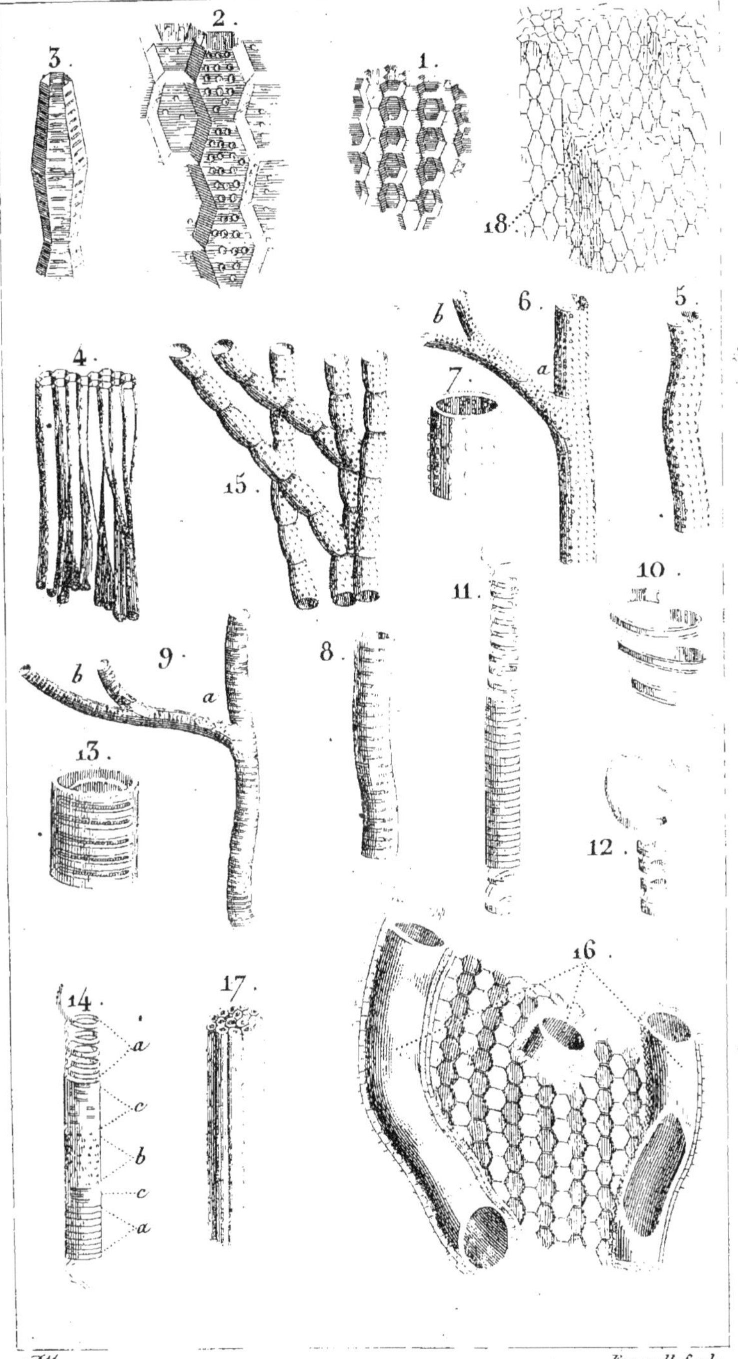

Forssell Sculp.

Anatomie microscopique. Pl. 11.

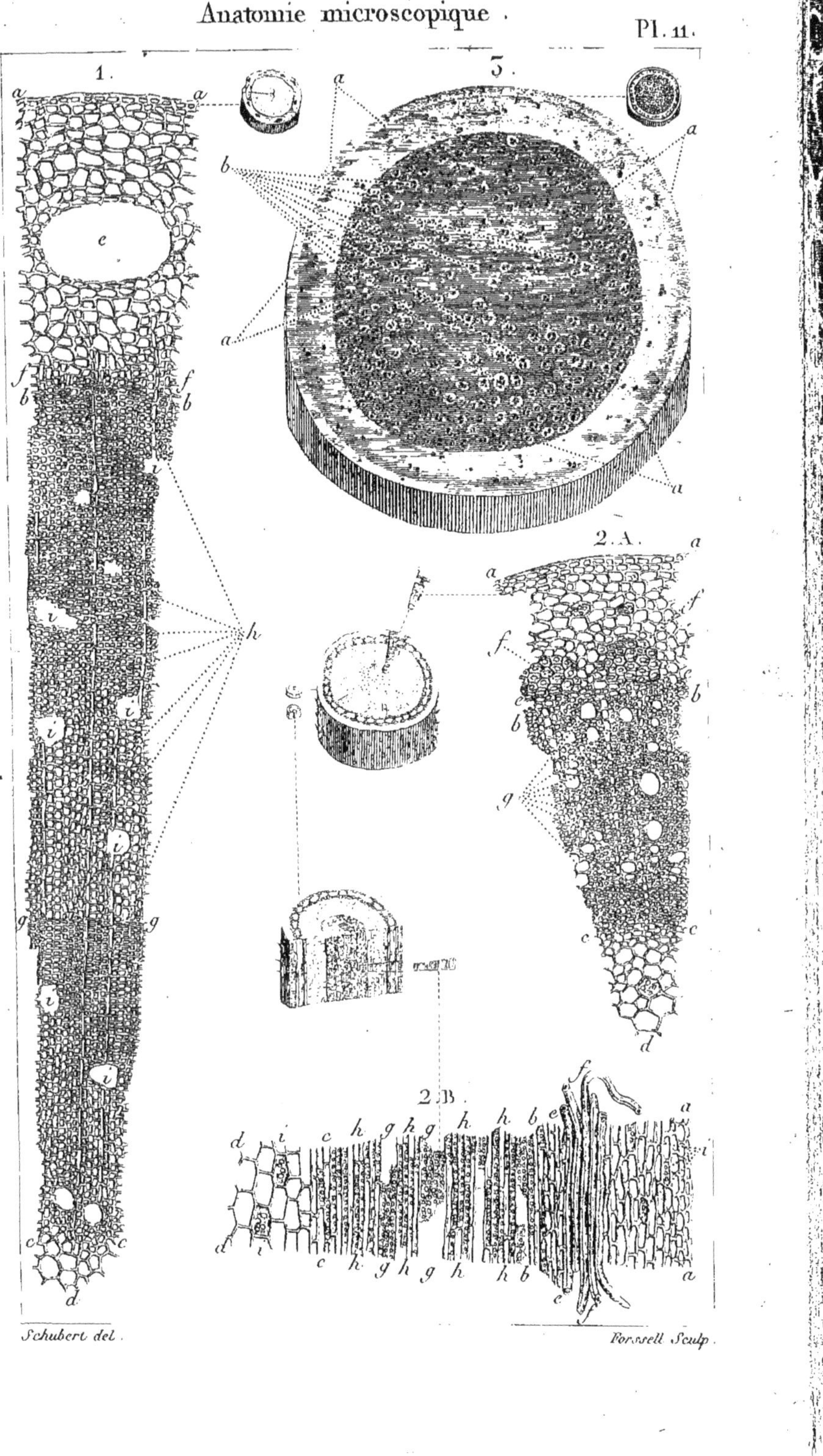

Schubert del. Forssell Sculp.

Anatomie microscopique. Pl. 12.

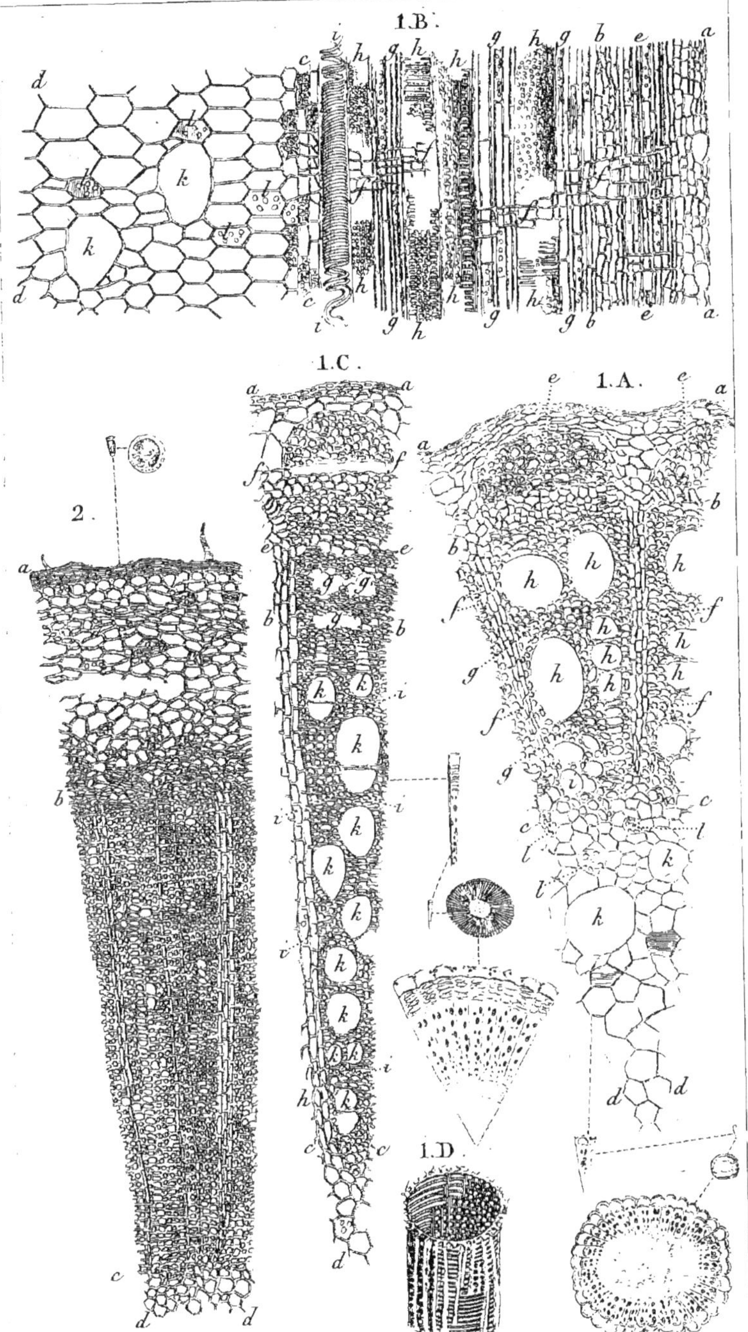

Schubert del. Forssell Sculp.

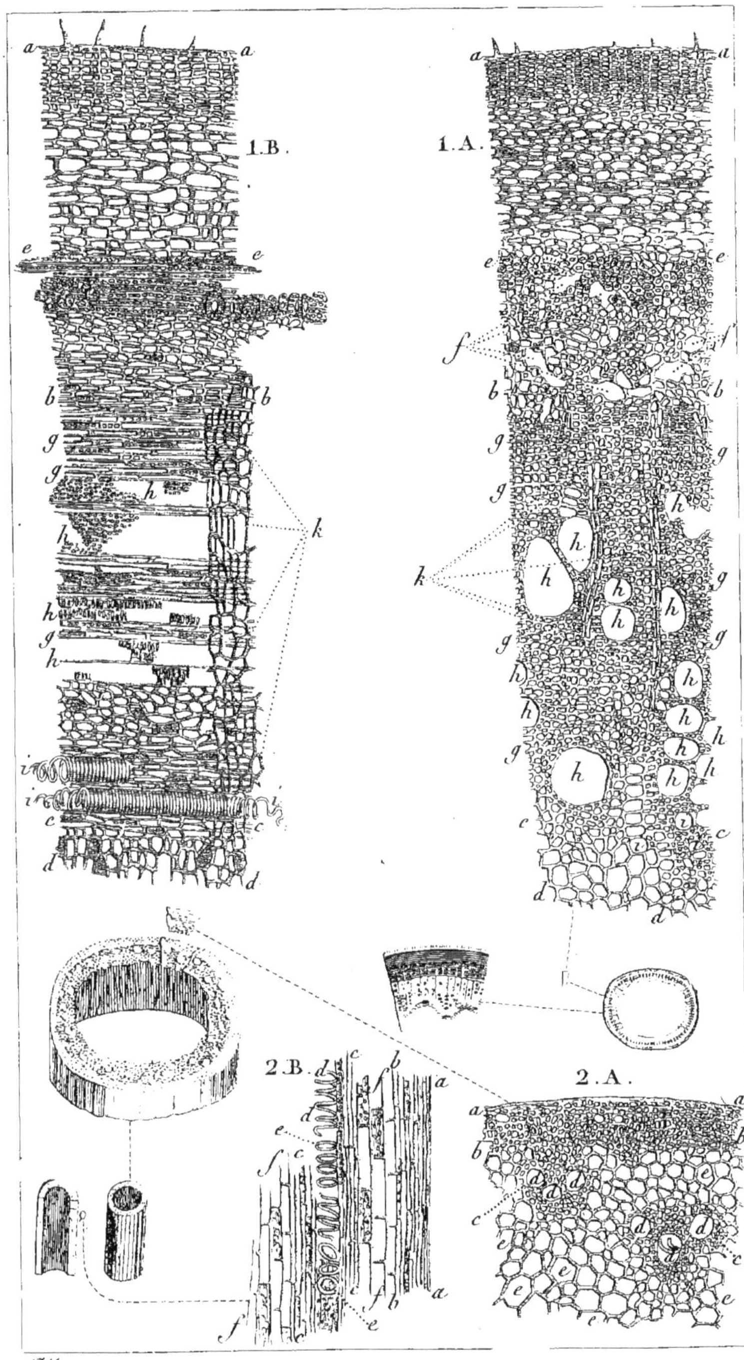
1.B.
1.A.
2.B.
2.A.

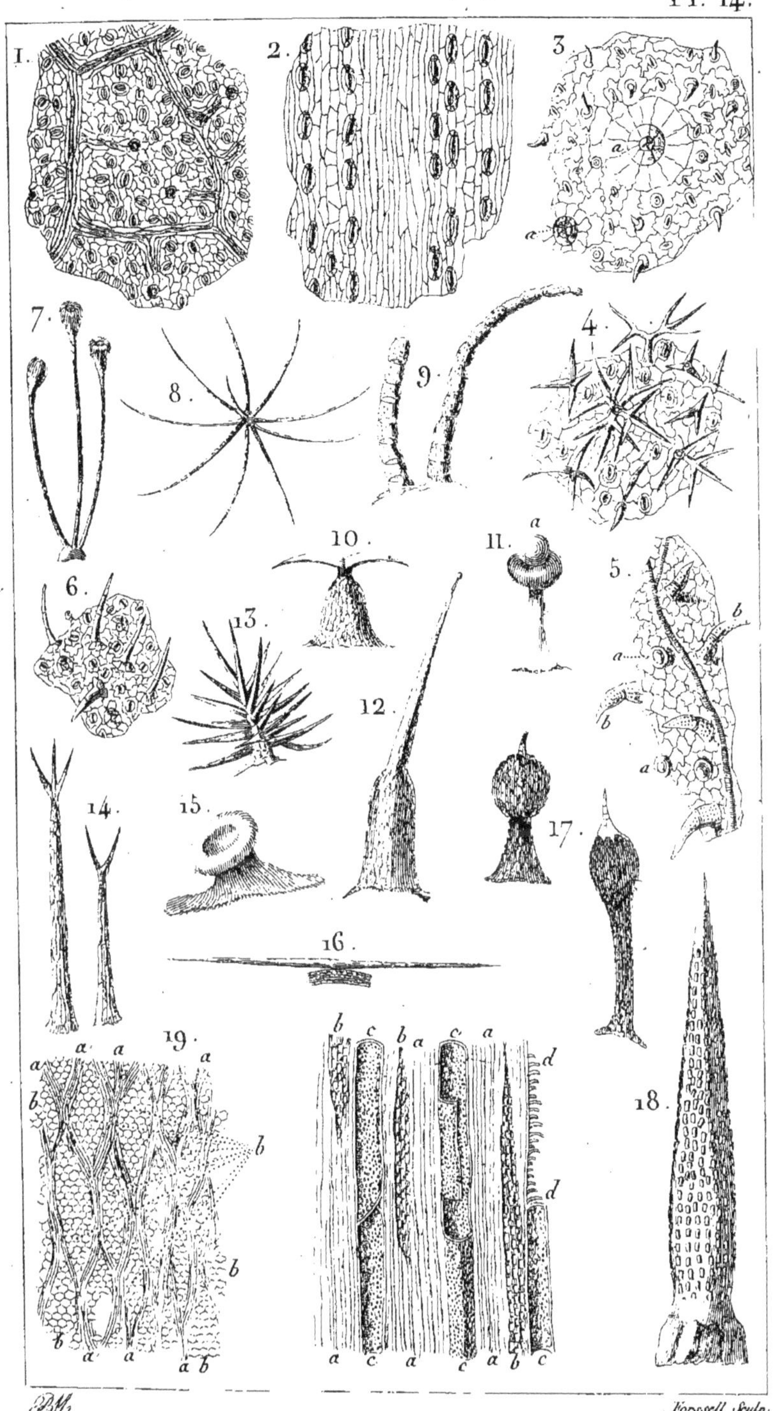

P.M. Forssell Sculp.

Expériences de Statique végétale.
Pl. 15.
1.
2
a
b
c
d
e
f
g
h
i
k
Poiteau et Turpin del.
Forssell Sculp.

Racines. Turions. Tubercules. Pl. 16.

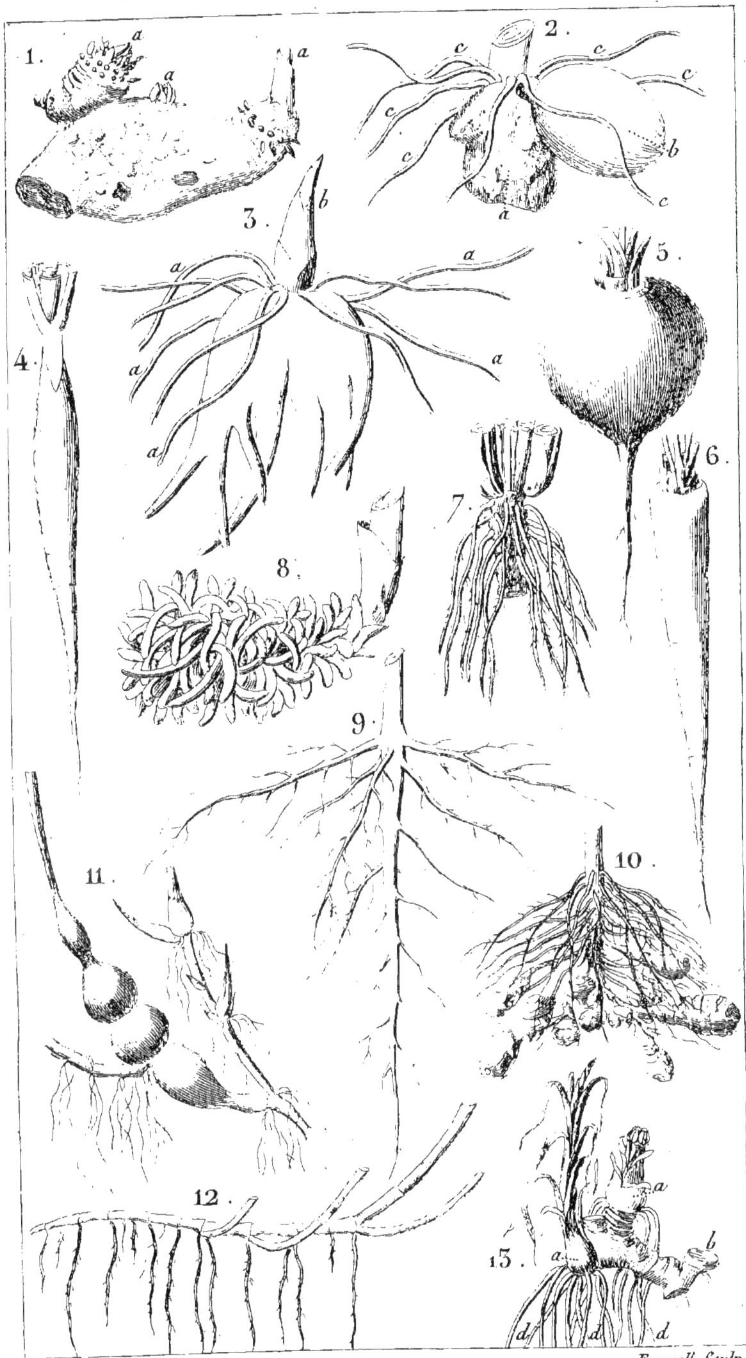

Poiteau del. *Forssell Sculp.*

Racines. Bulbes. Tubercules. Pl. 17.

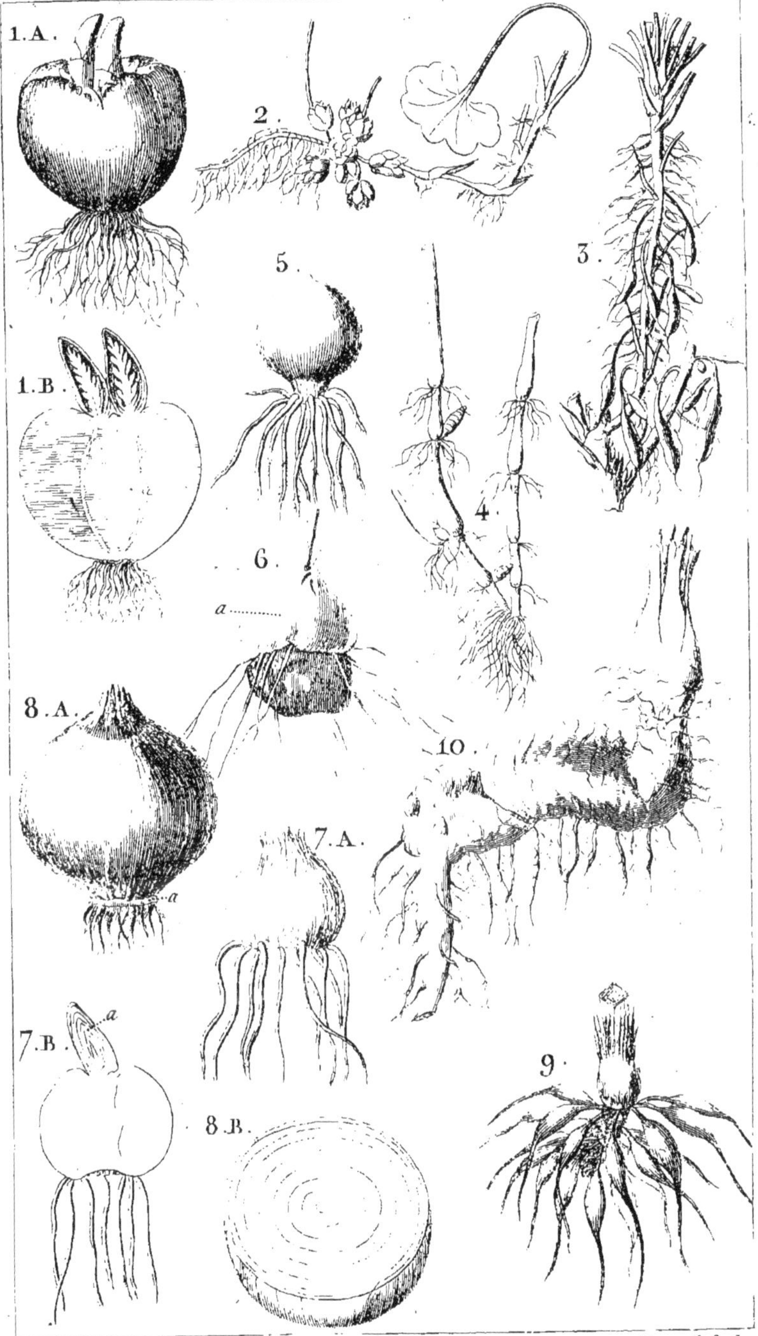

Poiteau del. *Forssell Sculp.*

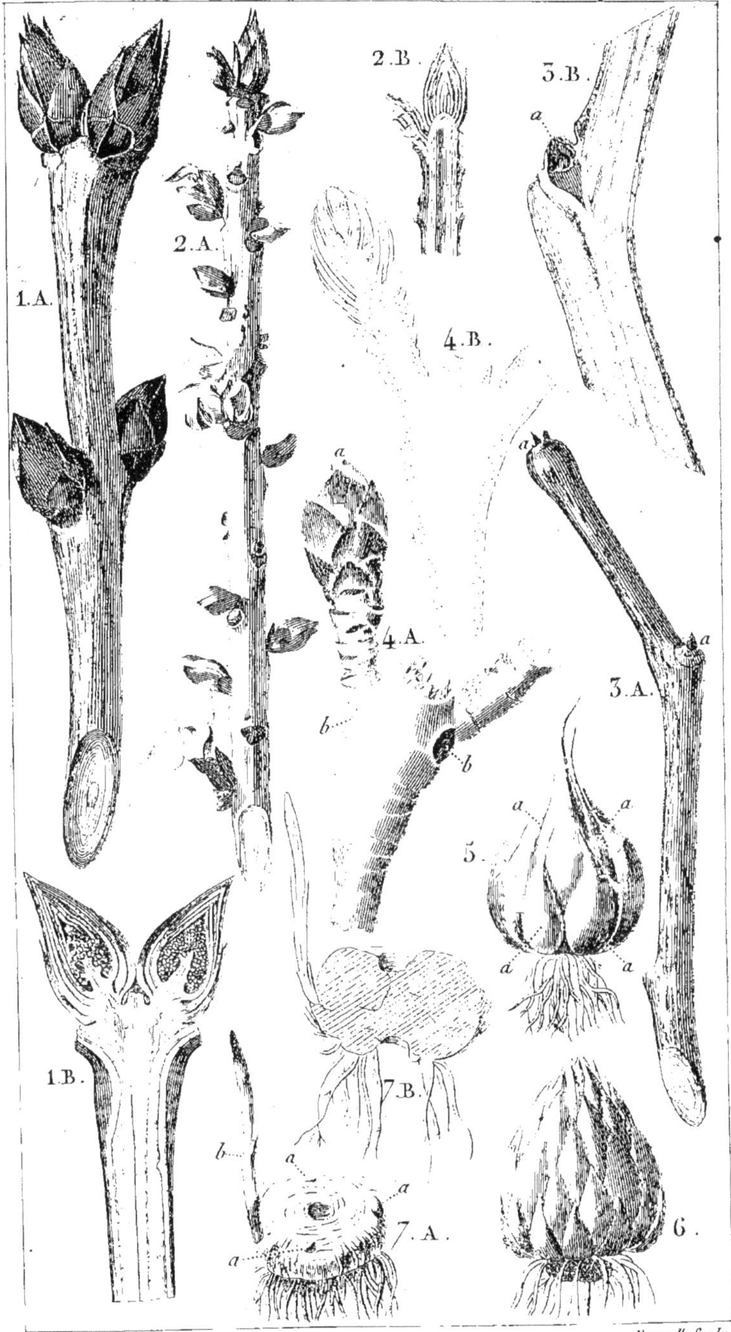

PM Forssell Sculp.

Stipe . Tronc . Boutons . Pl. 19.

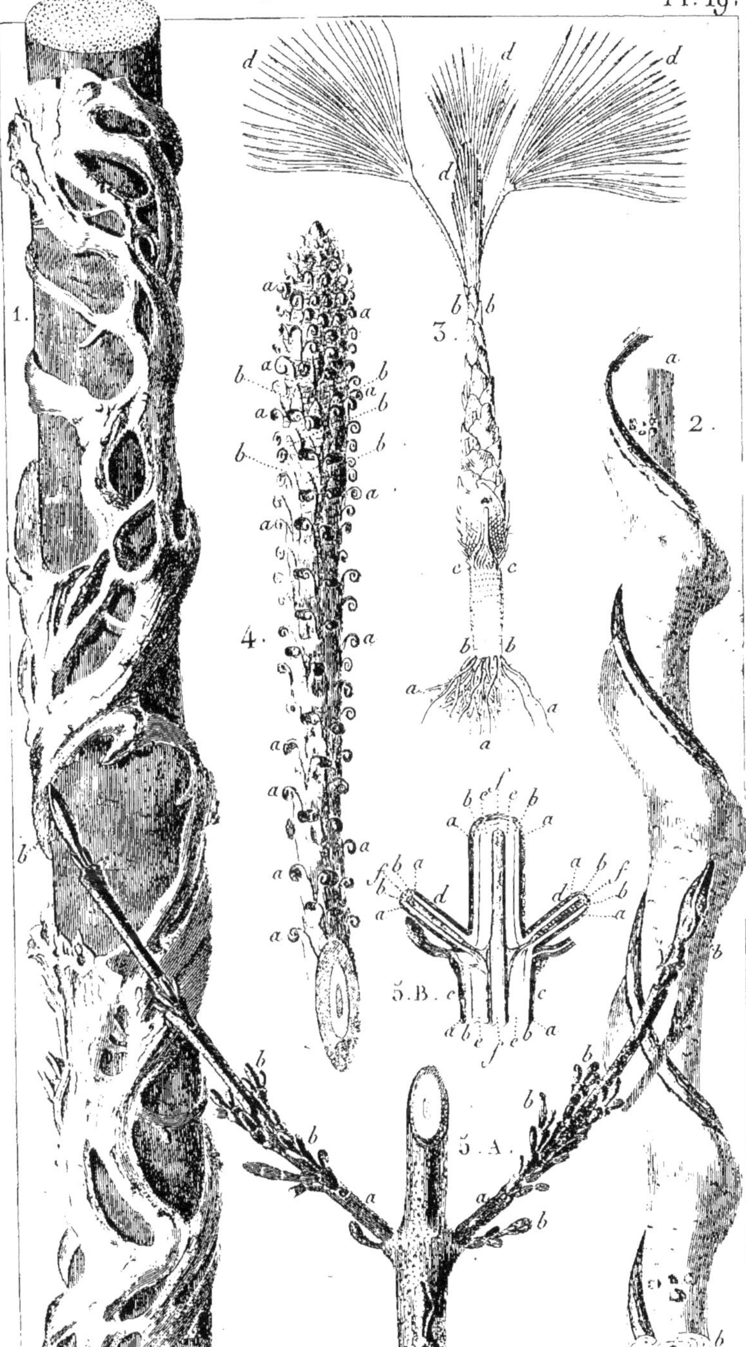

Turpin del. Forssell Sculp.

Boutons.

Forssell Sculp.

Feuilles.

Pl. 21.

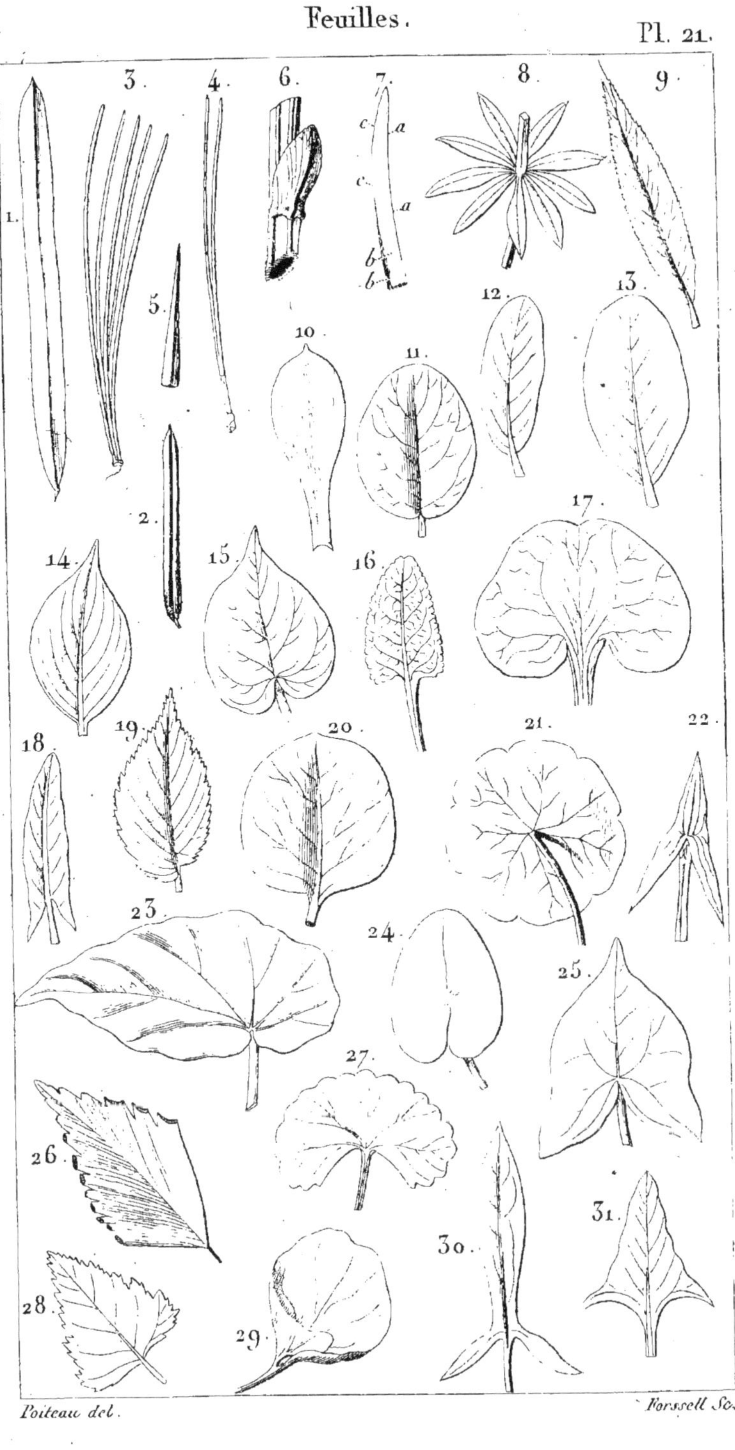

Poiteau del. *Forssell Sc.*

Feuilles.

1. 2. 3. 4. 5. 6. 7. 8. 9. 10. 11. 12. 13. 14. 15. 16. 17. 18. 19. 20. 21. 22.

Poiteau del. *Forssell Sc.*

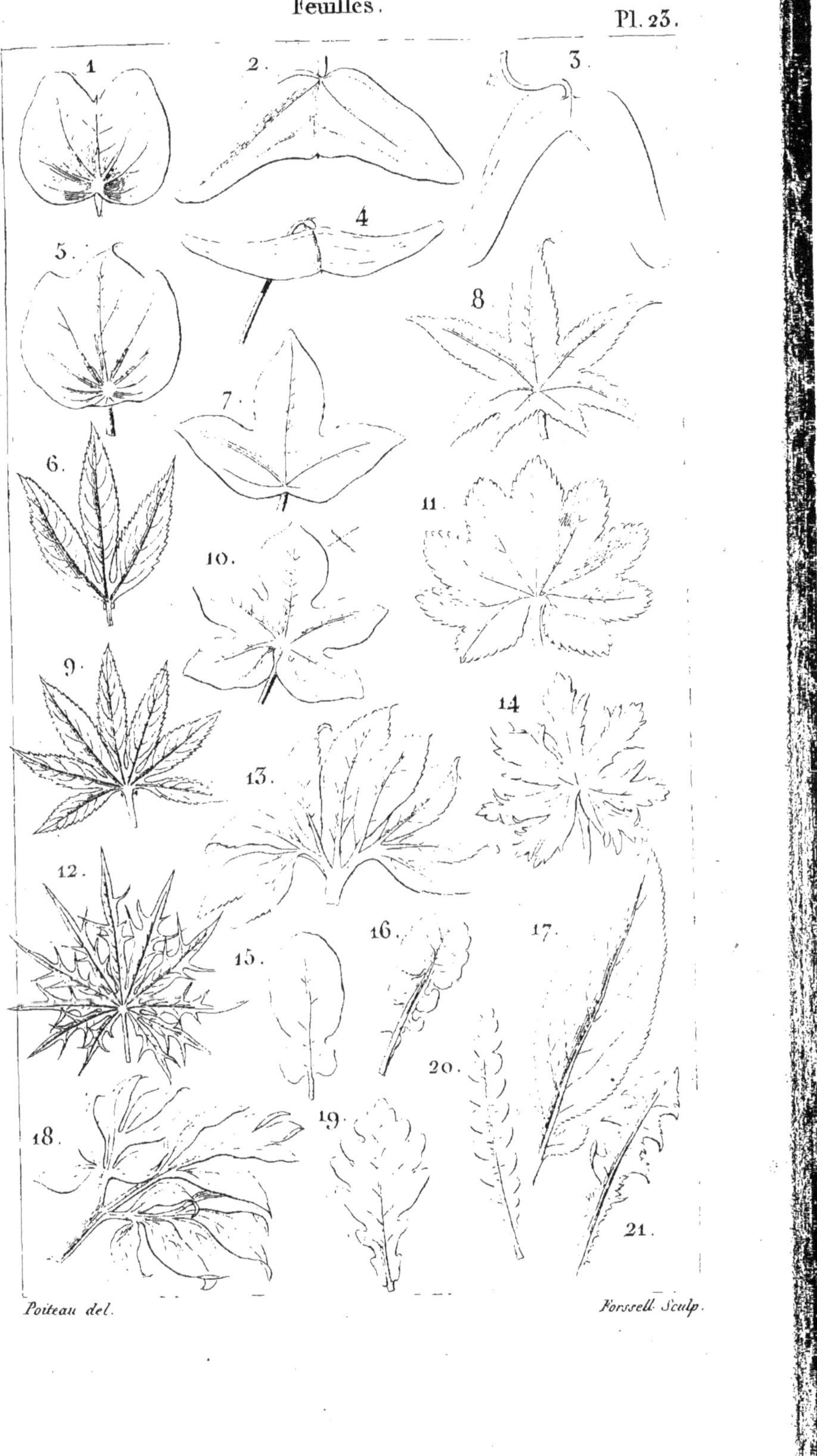
Feuilles.
Pl. 23.
1.
2.
3.
4.
5.
6.
7.
8.
9.
10.
11.
12.
13.
14.
15.
16.
17.
18.
19.
20.
21.
Poiteau del.
Forssell Sculp.

Feuilles.

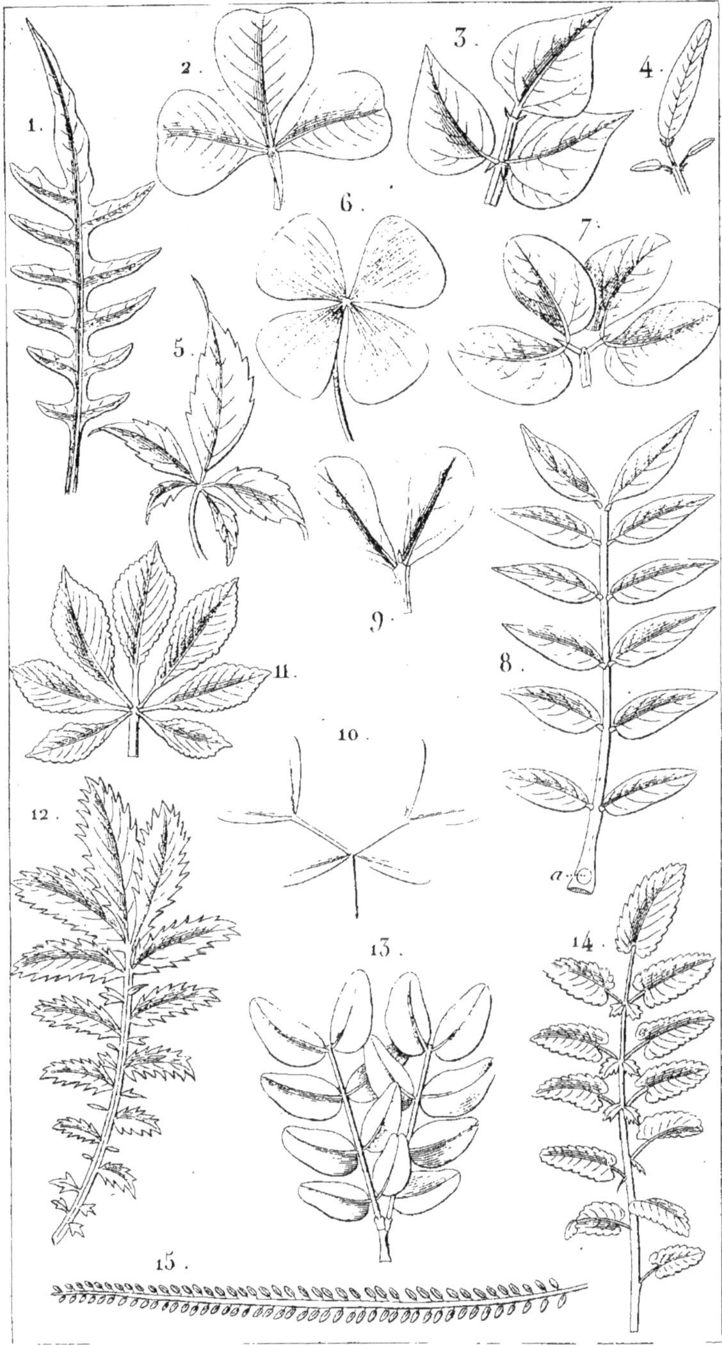

Poiteau del. *Forssell Sc.*

Feuilles. Pl. 25.

Poiteau del. *Forssell Sc.*

6

Feuilles. Pl. 26.

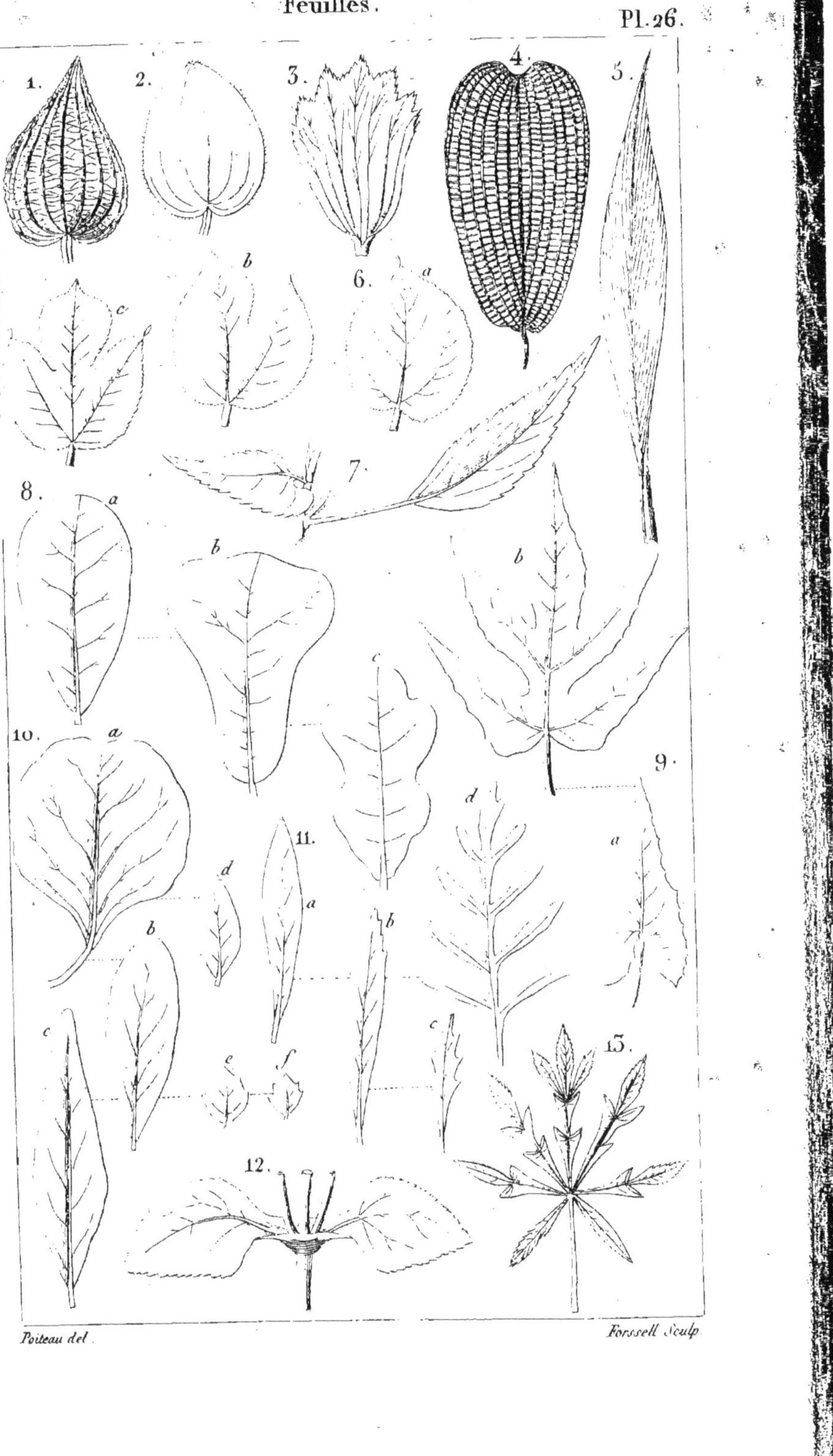

Poiteau del. Forssell Sculp.

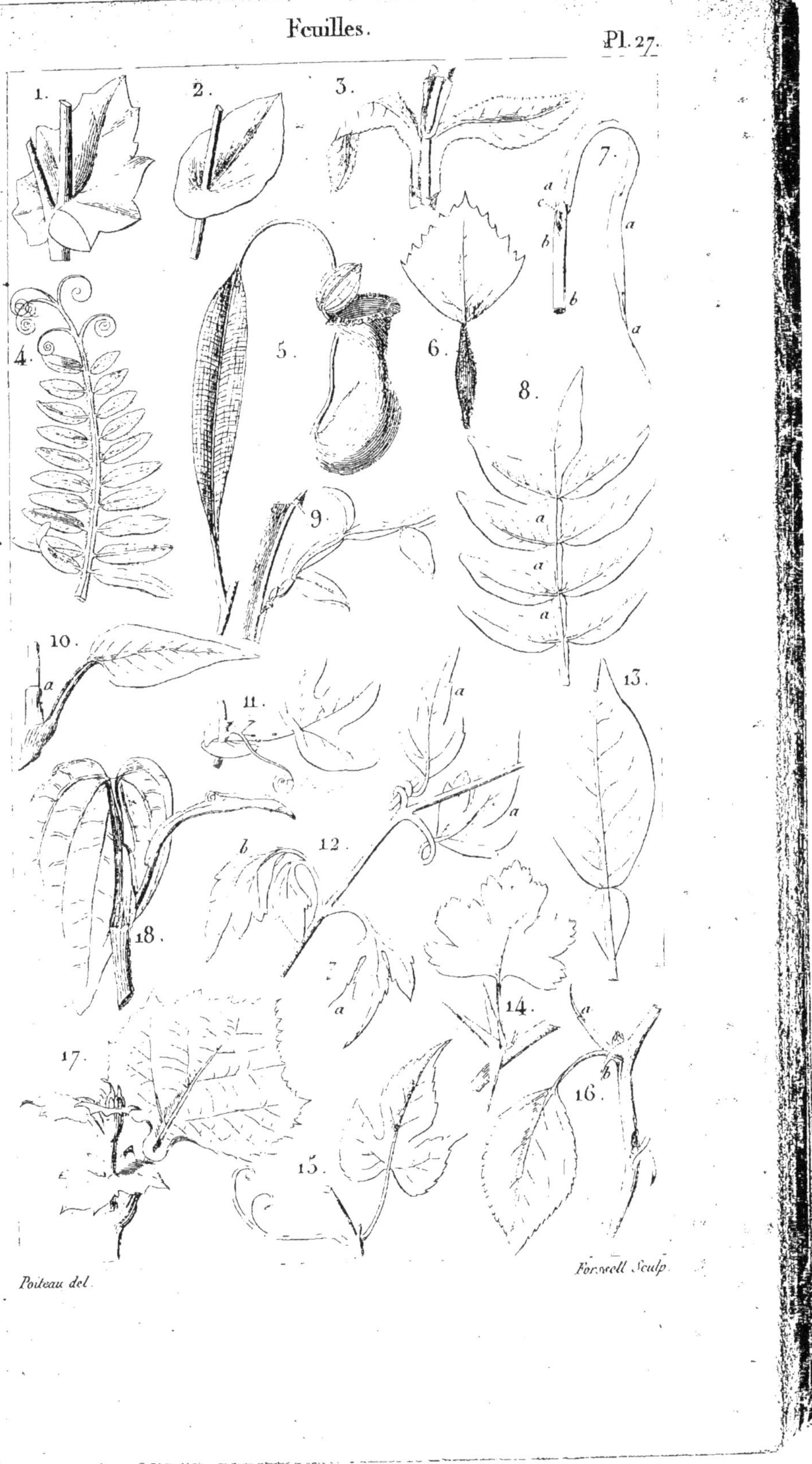
Feuilles.
Pl. 27.
1.
2.
3.
4.
5.
6.
7.
8.
9.
10.
11.
12.
13.
14.
15.
16.
17.
18.
Poiteau del.
Forssell Sculp.

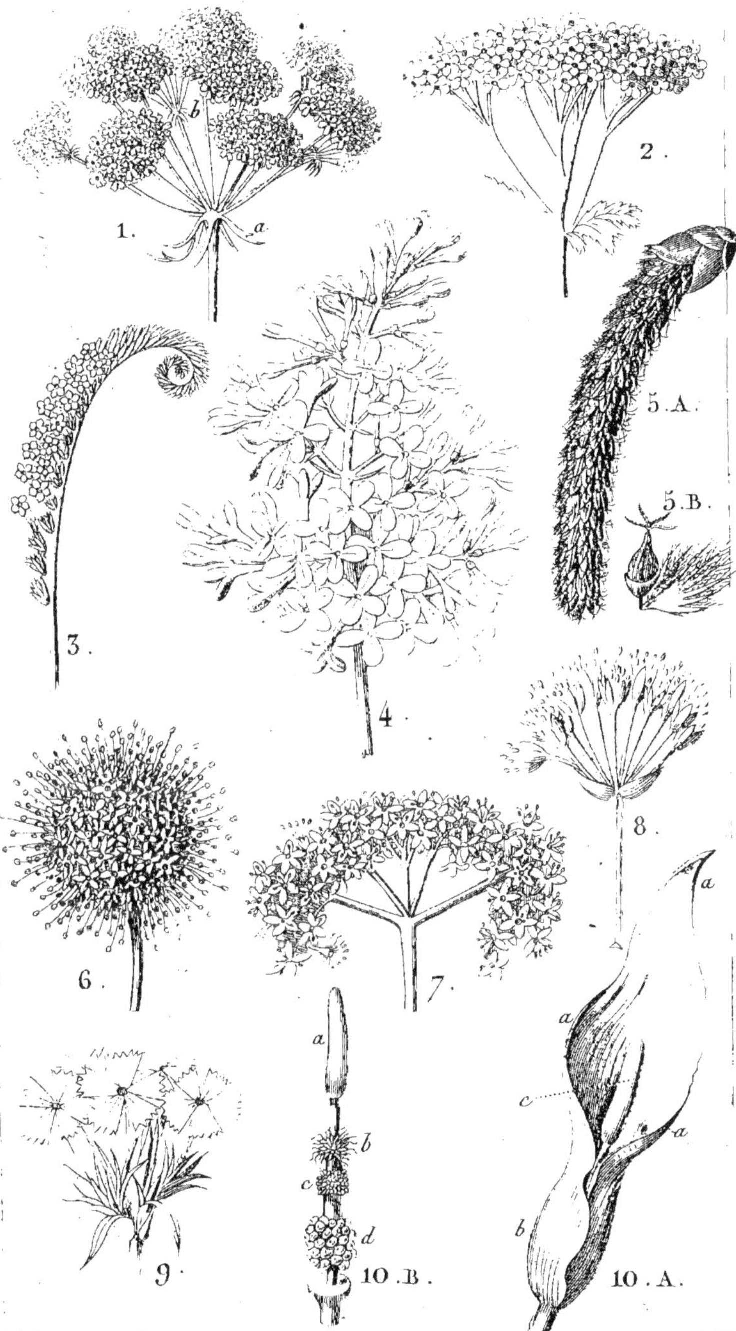

Poiteau et Turpin del.

Forssell Sculp.

Inflorescence.
Pl. 29.
1.
2.
a
b
c
a
3.
4.
5.
d
c
b
b
a
6.
7.
8.
b
b
a
a
9.
b
b
c
c
c
a
a
Poiteau del.
Forssell Sculp.

Pistils.

Pl. 30.

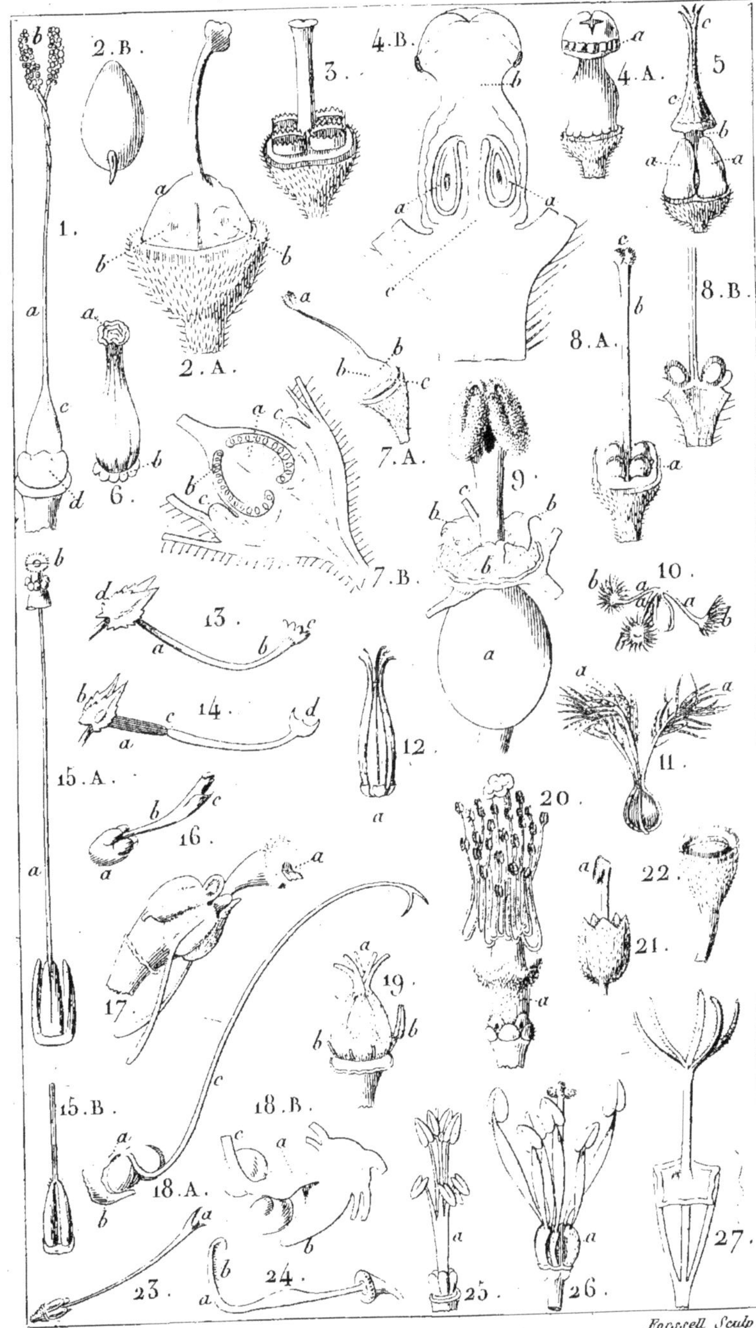

Poiteau. Forssell Sculp.

Etamines.

Pl. 31.

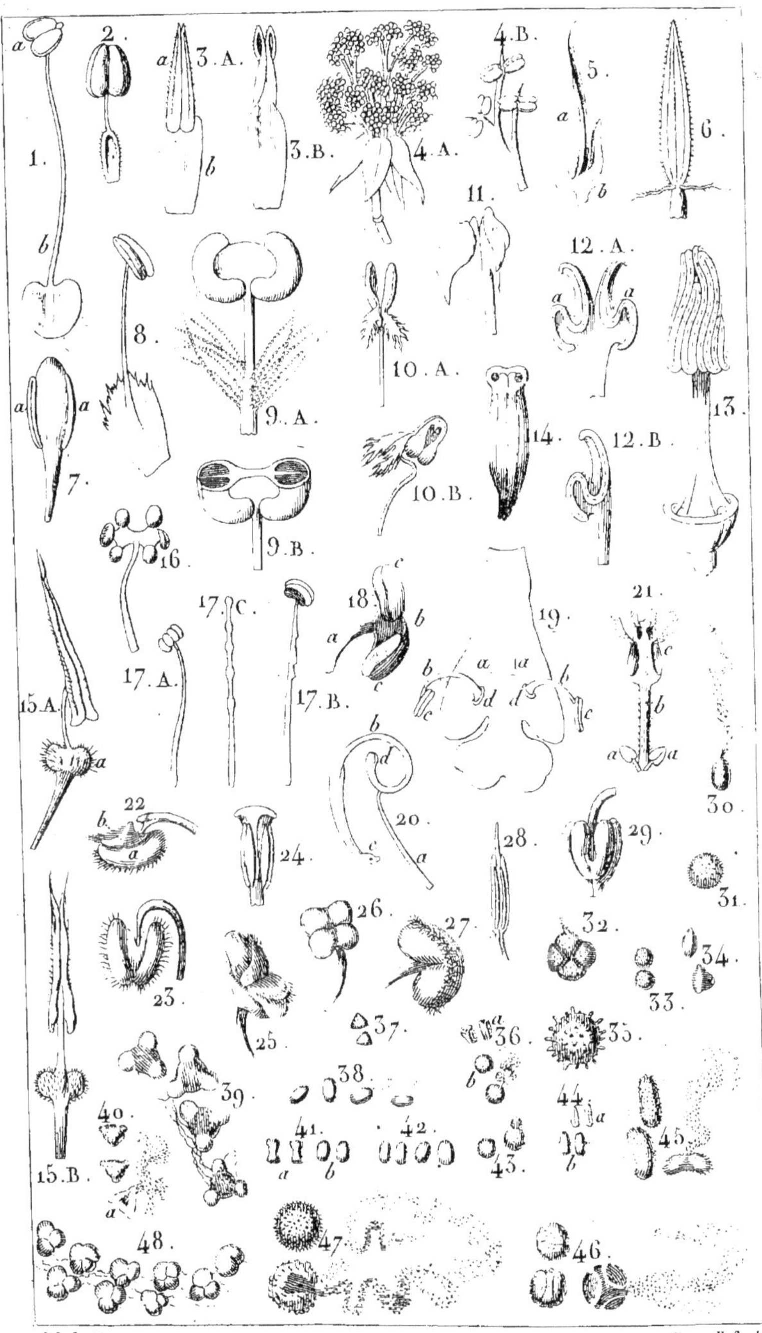

Schubert. Forssell Sculp.

Pistils.

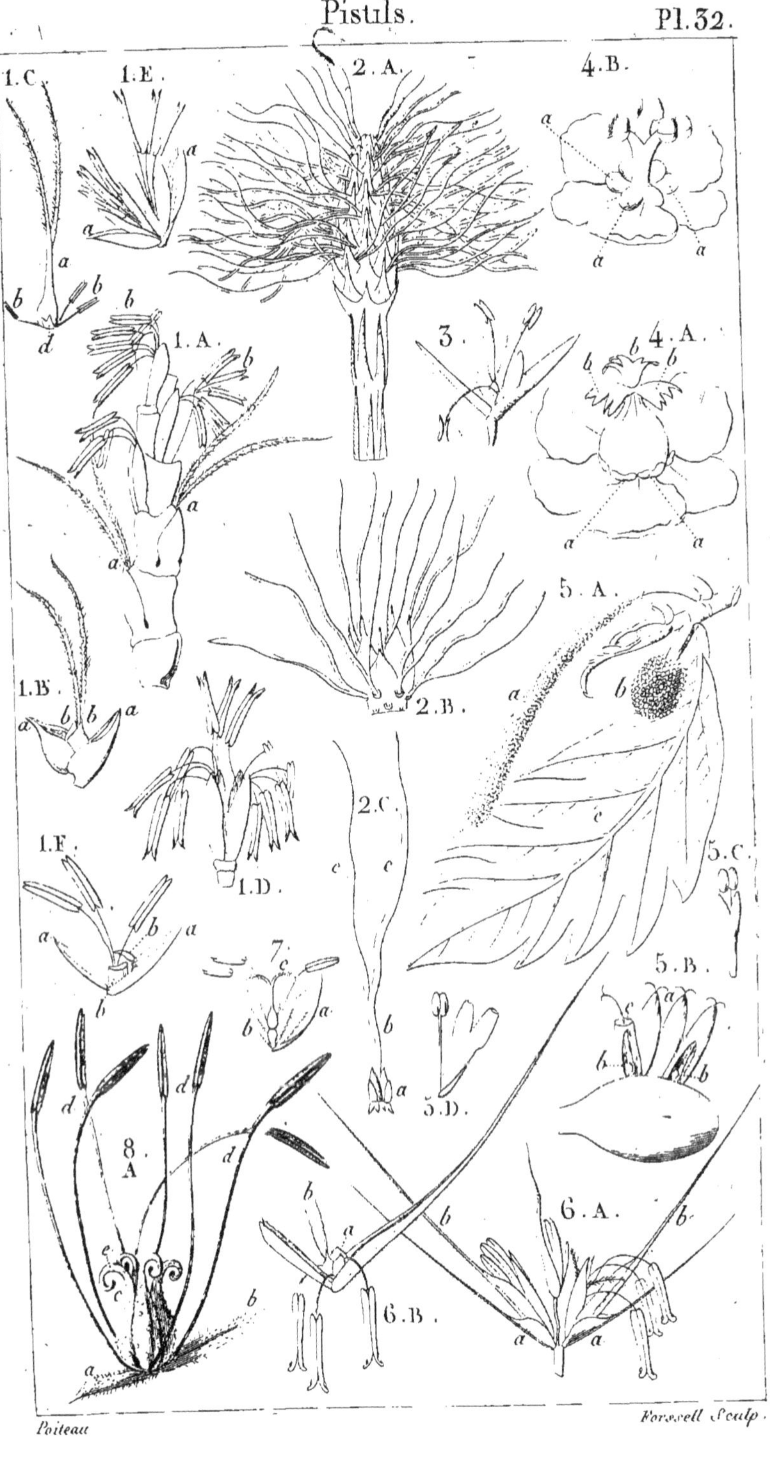

Poiteau

Forssell Sculp.

Fleurs. Pl. 33.

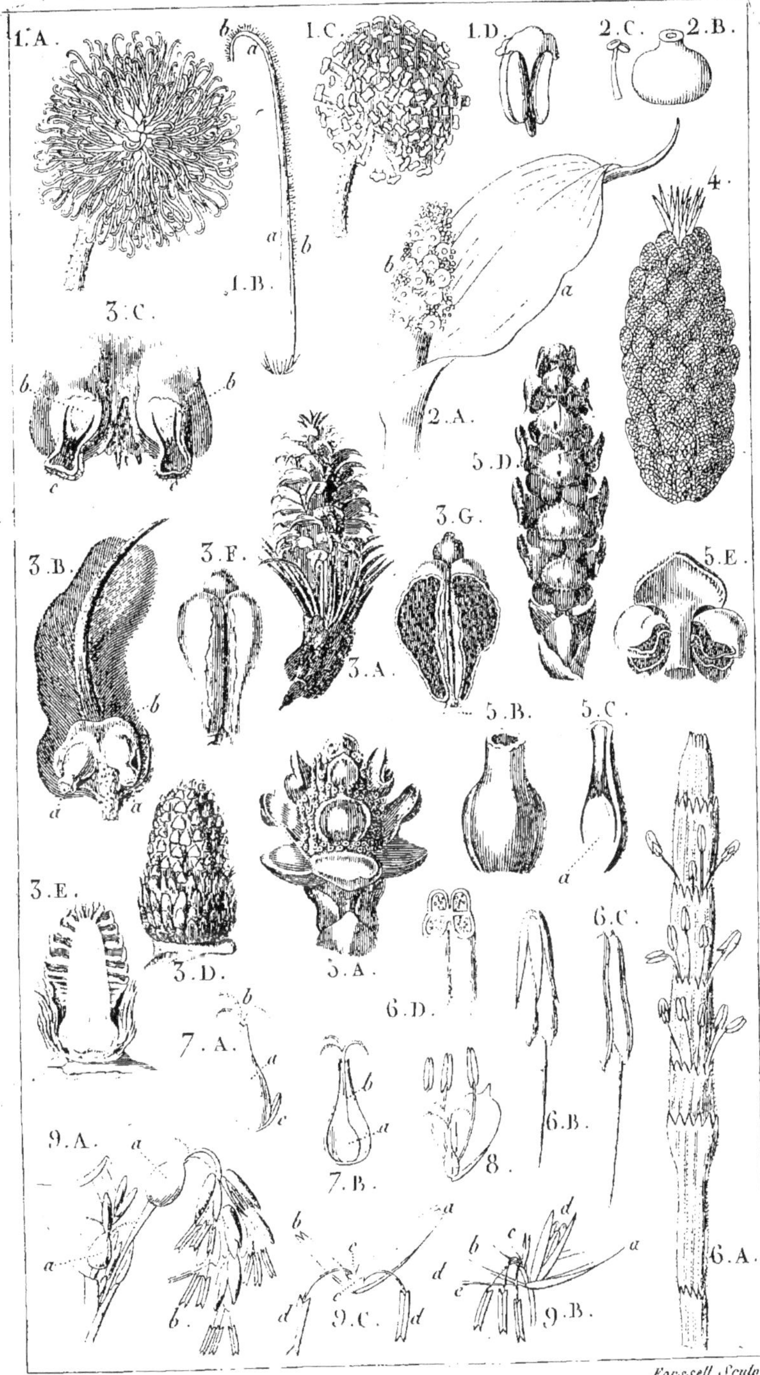

Forssell Sculp.

Bl.

Fleurs.

Pl. 34.

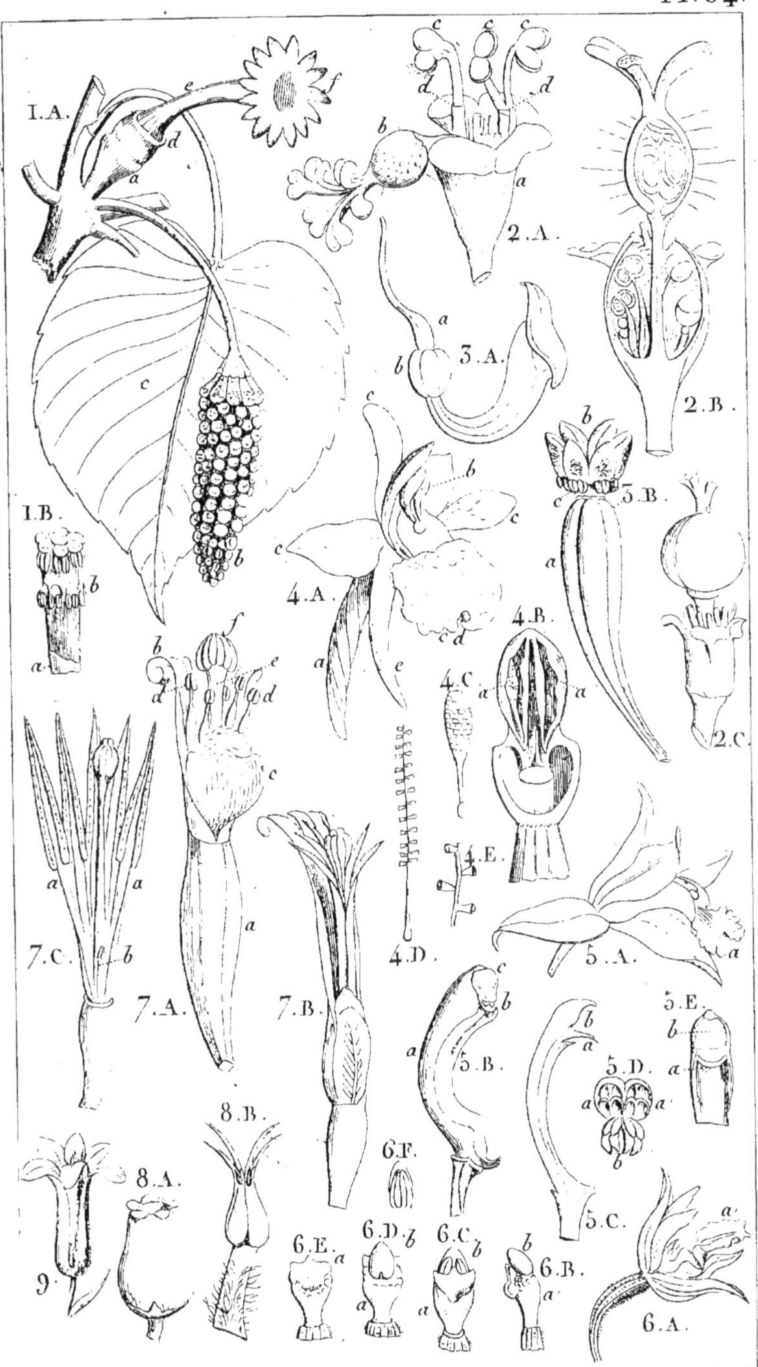

Poiteau del. *Forssell Sculp.*

Fleurs. Pl. 35.

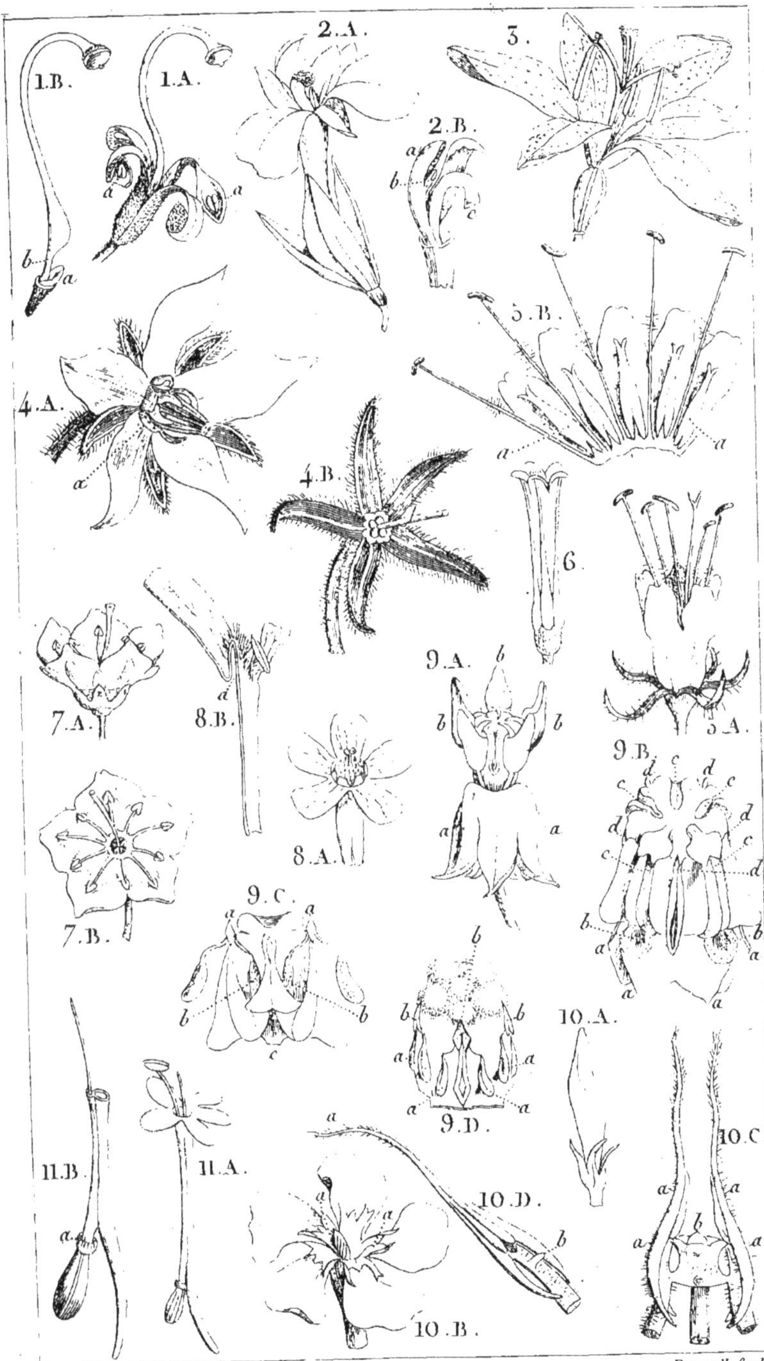

Poiteau del. *Forssell Sculp.*

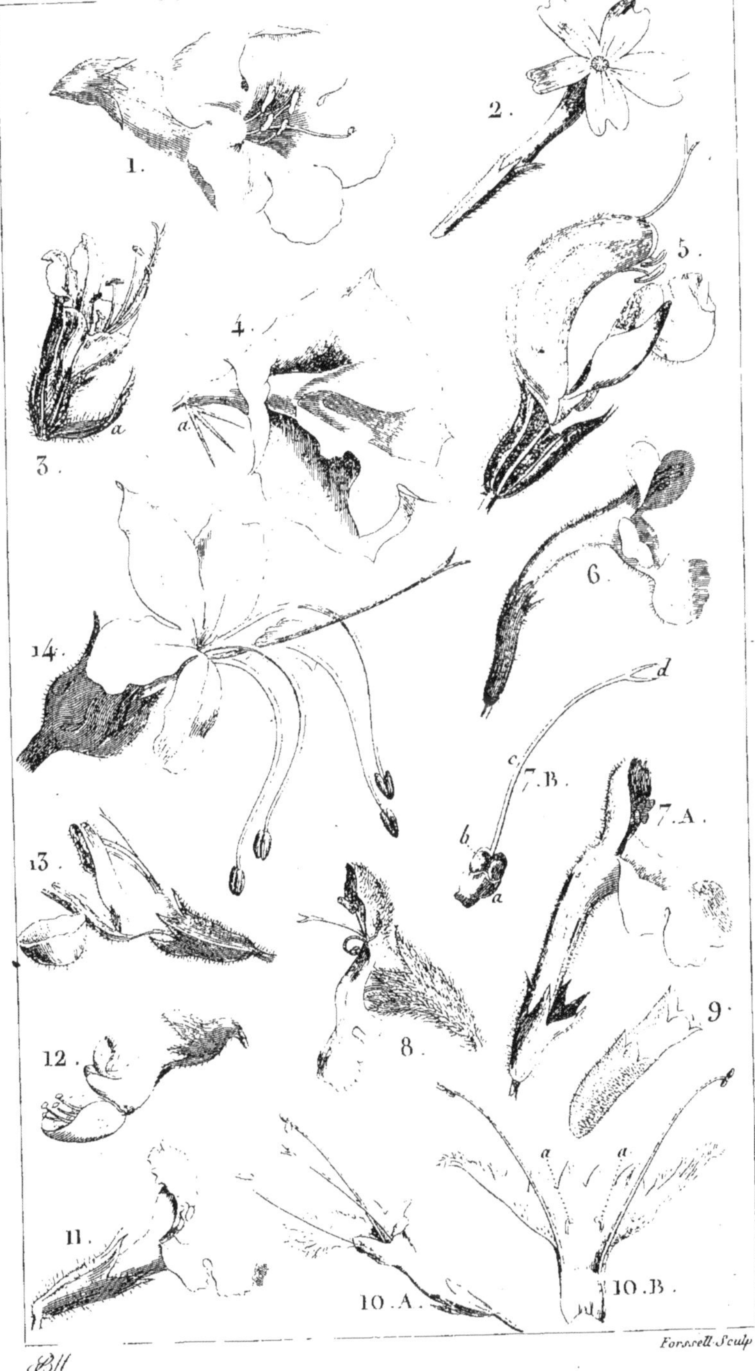

Forssell Sculp.

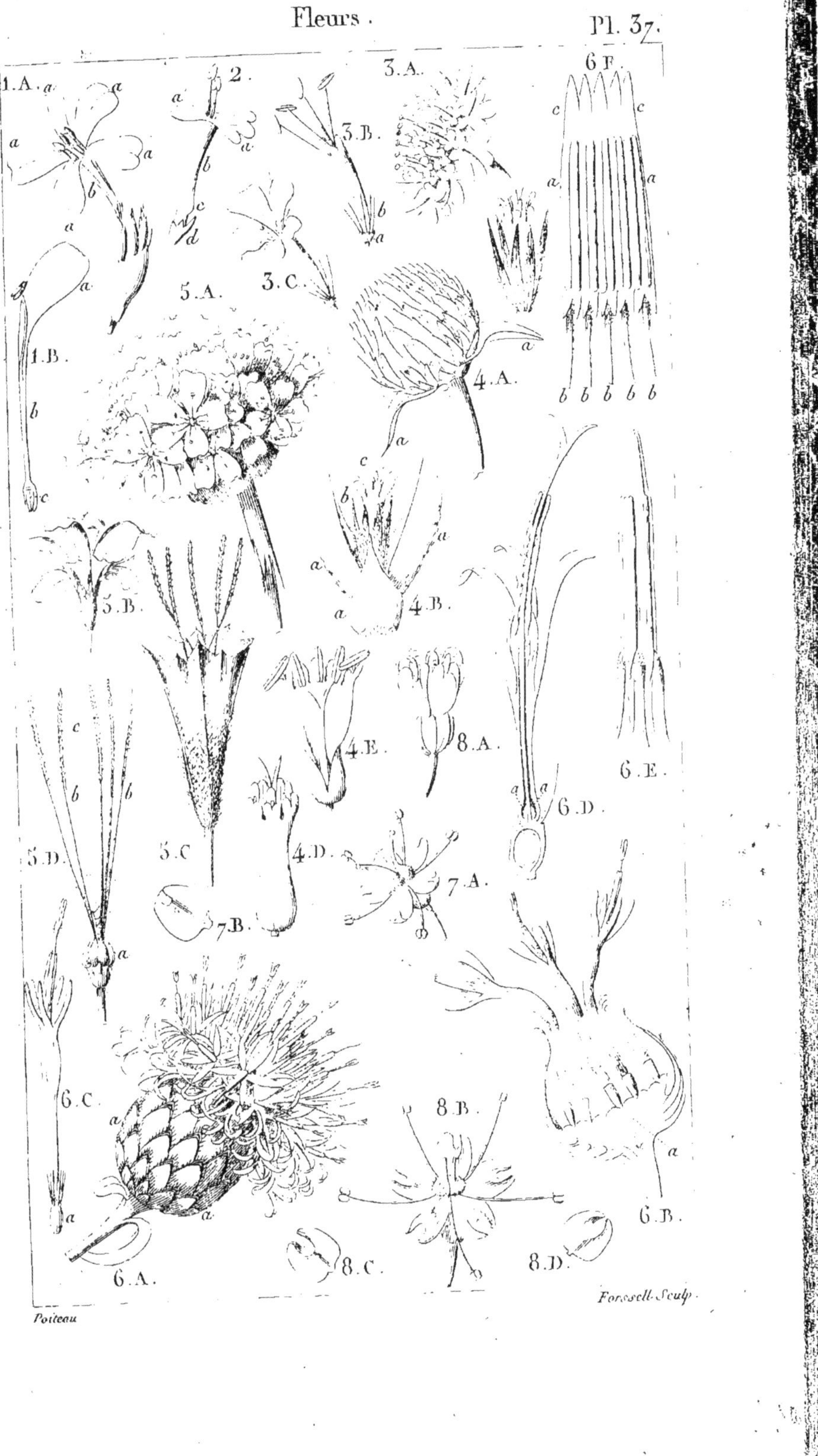
Fleurs.
Pl. 37.
1.A.
1.B.
2.
3.A.
3.B.
3.C.
4.A.
4.B.
4.D.
4.E.
5.A.
5.B.
5.C
5.D.
6.A.
6.B.
6.C.
6.D.
6.E.
6.F.
7.A.
7.B.
8.A.
8.B.
8.C.
8.D.
Poiteau
Forssell Sculp.

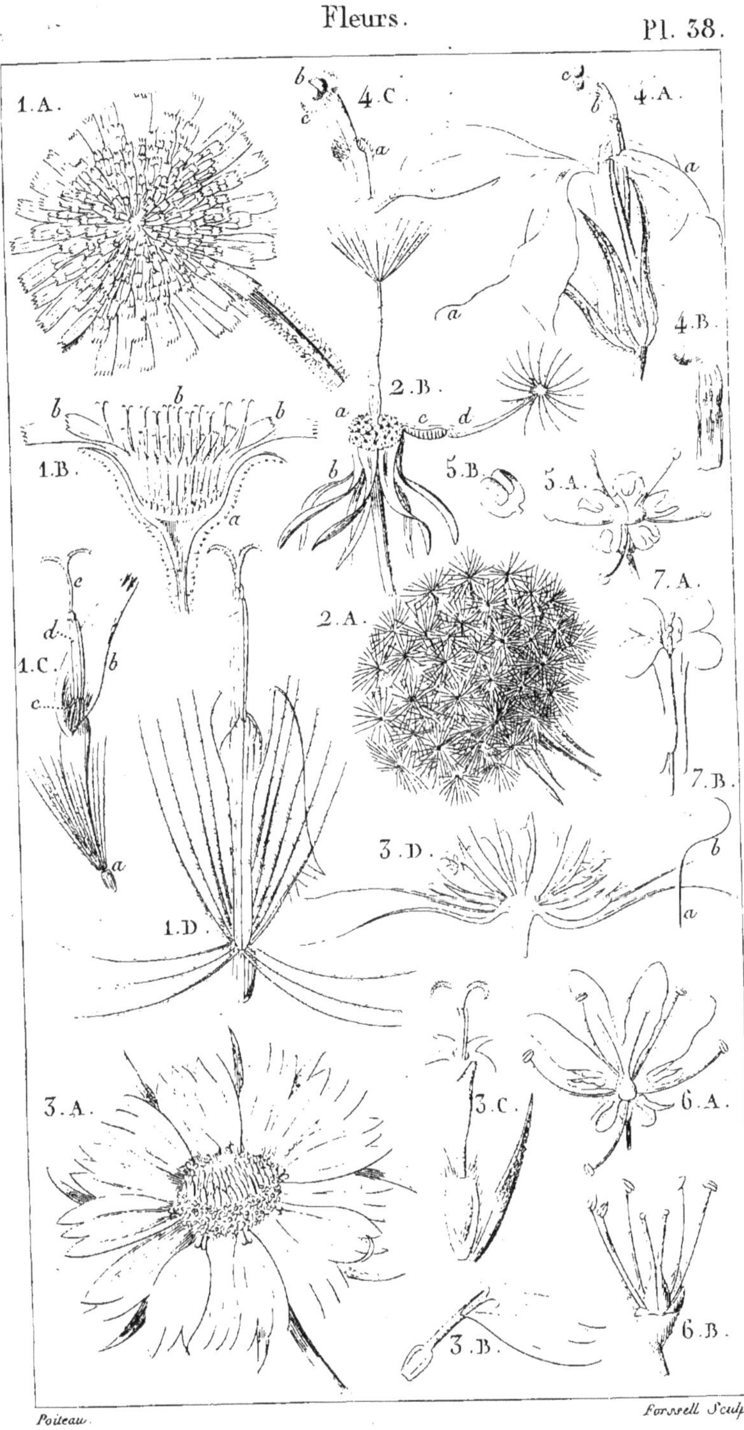
Fleurs.
Pl. 38.
1. A.
1. B.
1. C.
1. D.
2. A.
2. B.
3. A.
3. B.
3. C.
3. D.
4. A.
4. B.
4. C.
5. A.
5. B.
6. A.
6. B.
7. A.
7. B.
Poiteau.
Forssell Sculp.

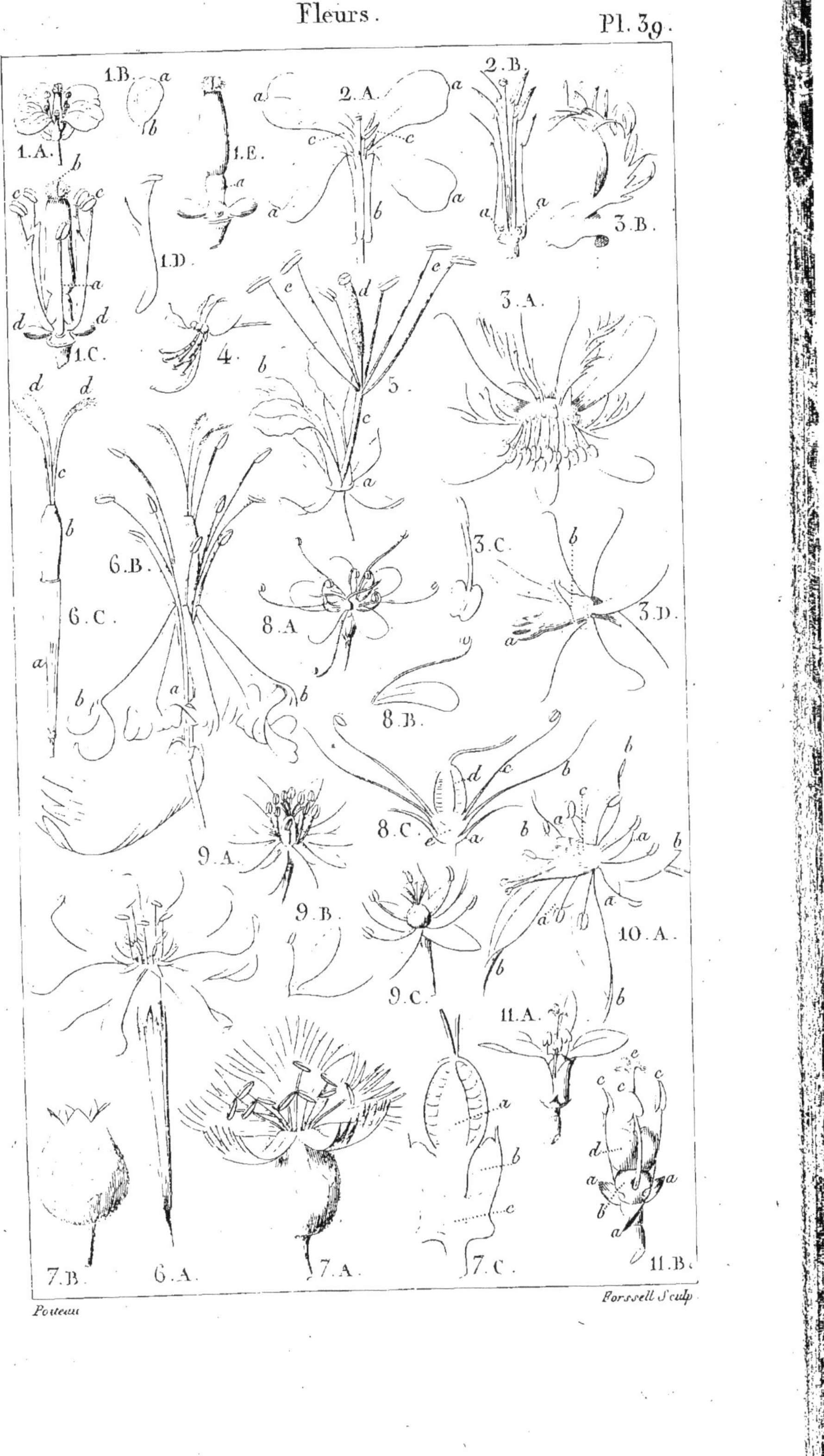
Fleurs.
Pl. 39.
1.A.
1.B.
1.C.
1.D.
1.E.
2.A.
2.B.
3.A.
3.B.
3.C.
3.D.
4.
5.
6.A.
6.B.
6.C.
7.A.
7.B.
7.C.
8.A.
8.B.
8.C.
9.A.
9.B.
9.C.
10.A.
11.A.
11.B.
Poiteau
Forssell Sculp.

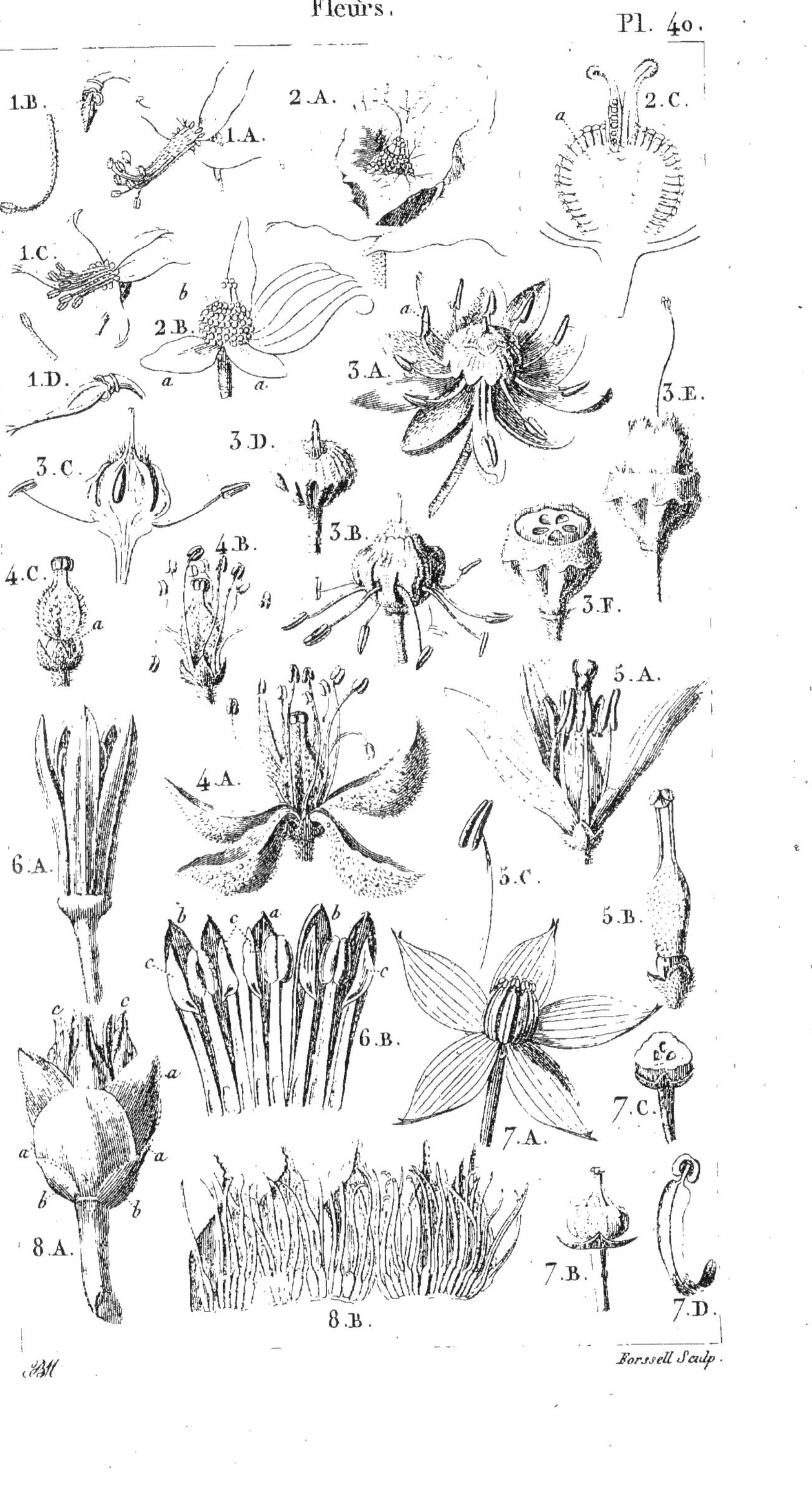
Fleurs.
Pl. 40.
1.A.
1.B.
1.C.
1.D.
2.A.
2.B.
2.C.
3.A.
3.B.
3.C.
3.D.
3.E.
3.F.
4.A.
4.B.
4.C.
5.A.
5.B.
5.C.
6.A.
6.B.
7.A.
7.B.
7.C.
7.D.
8.A.
8.B.
Forssell Sculp.

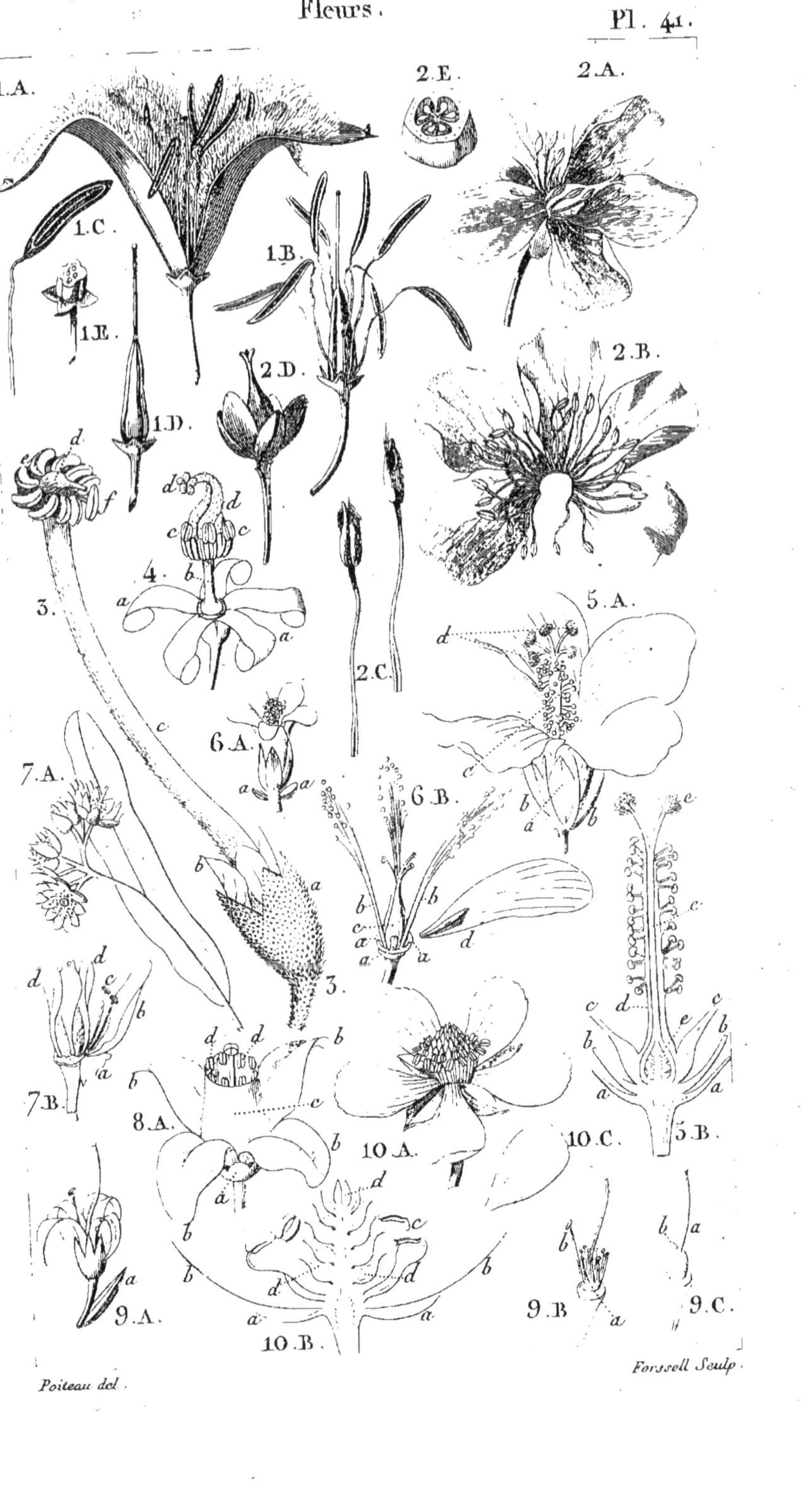
Fleurs.
Pl. 41.
1.A.
1.B.
1.C.
1.D.
1.E.
2.A.
2.B.
2.C.
2.D.
2.E.
3.
4.
5.A.
5.B.
6.A.
6.B.
7.A.
7.B.
8.A.
9.A.
9.B.
9.C.
10.A.
10.B.
10.C.
Poiteau del.
Forssell Sculp.

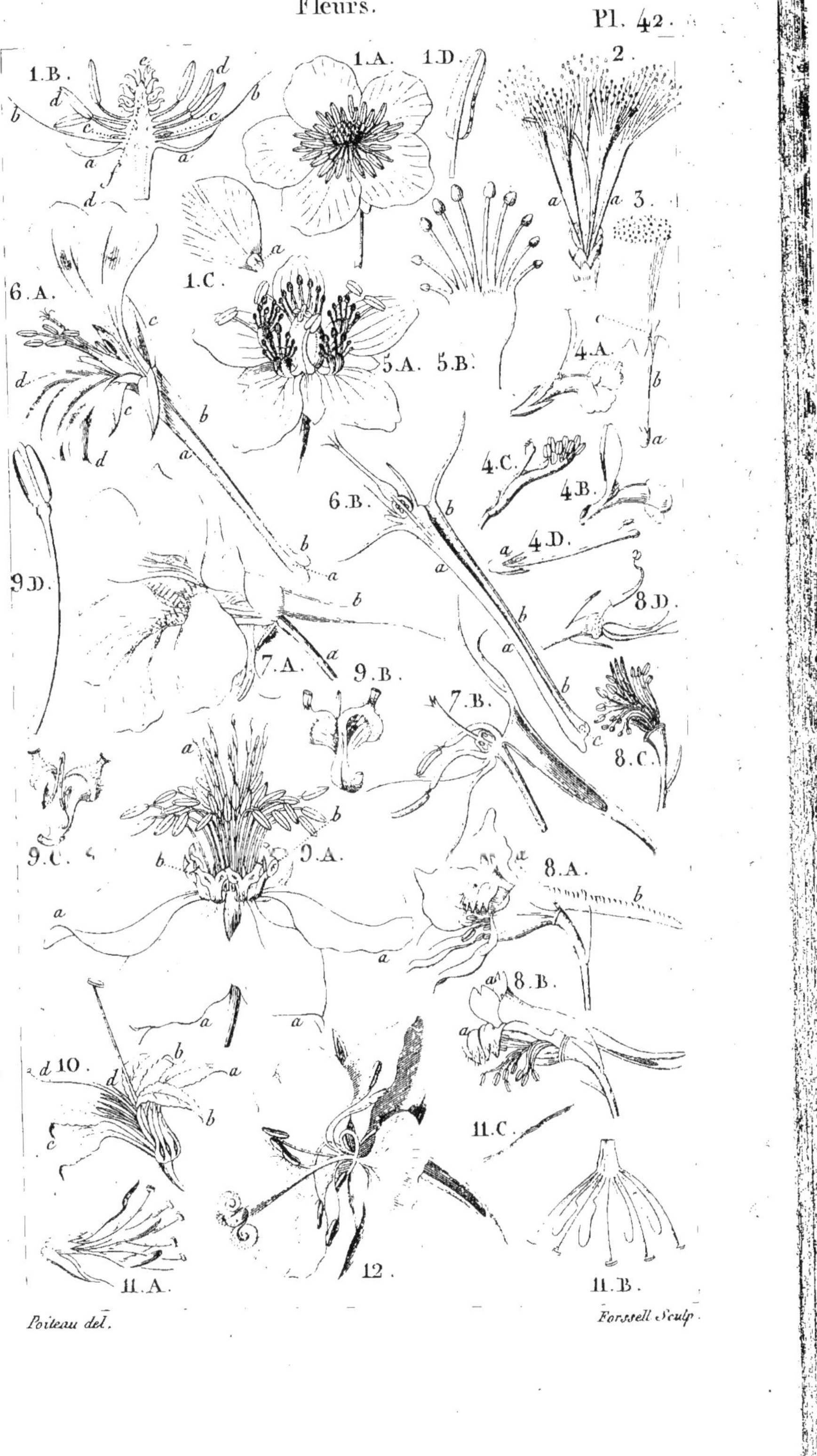
Fleurs.
Pl. 42.
1.B.
1.A.
1.D.
2.
3.
1.C.
6.A.
5.A.
5.B.
4.A.
4.C.
4.B.
6.B.
4.D.
9.D.
8.D.
7.A.
9.B.
7.B.
8.C.
9.C.
9.A.
8.A.
8.B.
10.
11.C.
11.A.
12.
11.B.
Poiteau del.
Forssell Sculp.

Fleurs. Pl. 43.

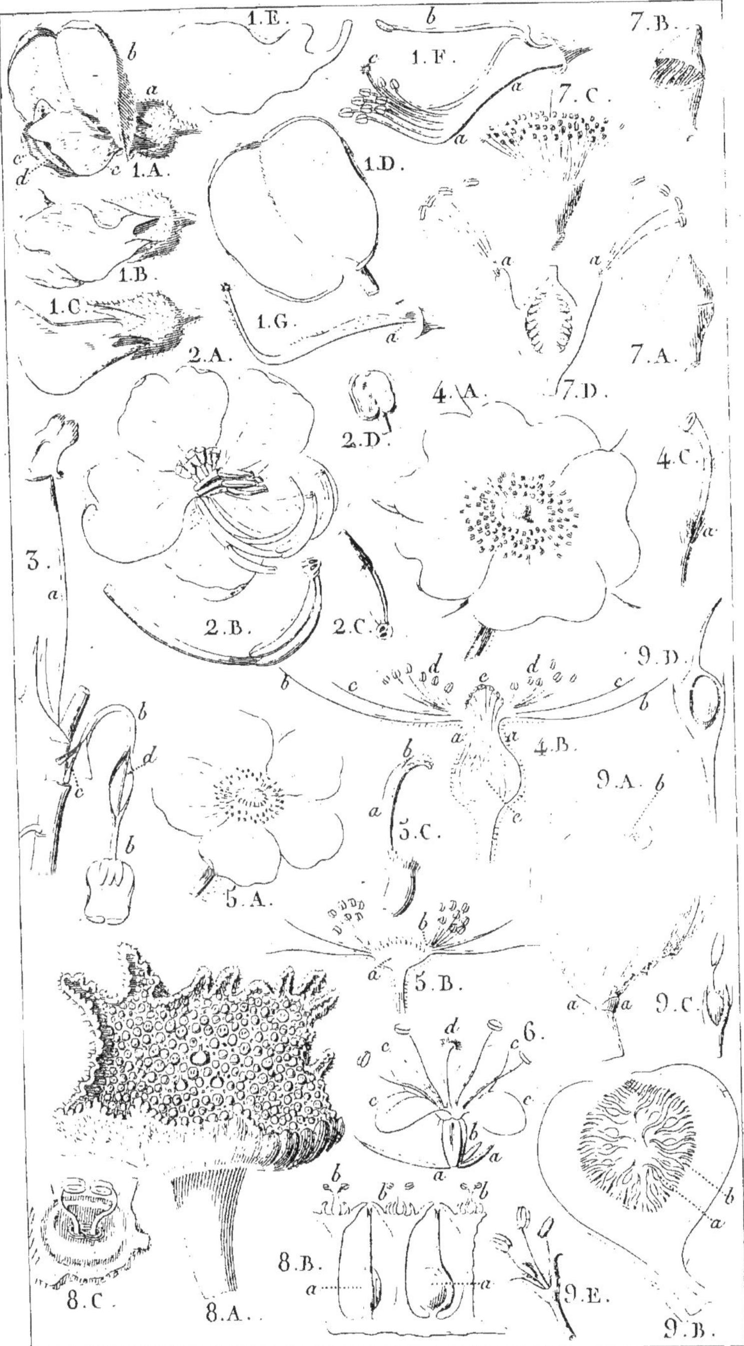

Poiteau. Forssell Sculp.

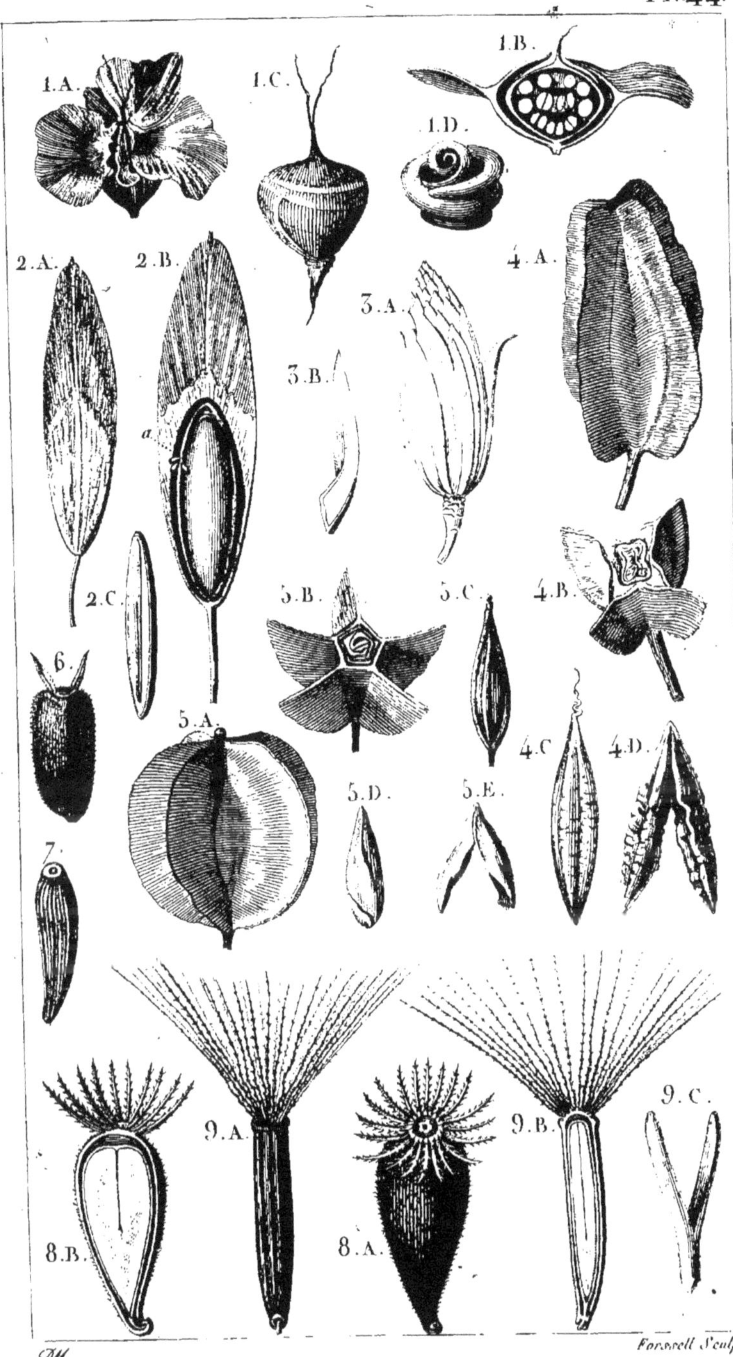

BM Forssell Sculp.

Fruits. Pl. 45.

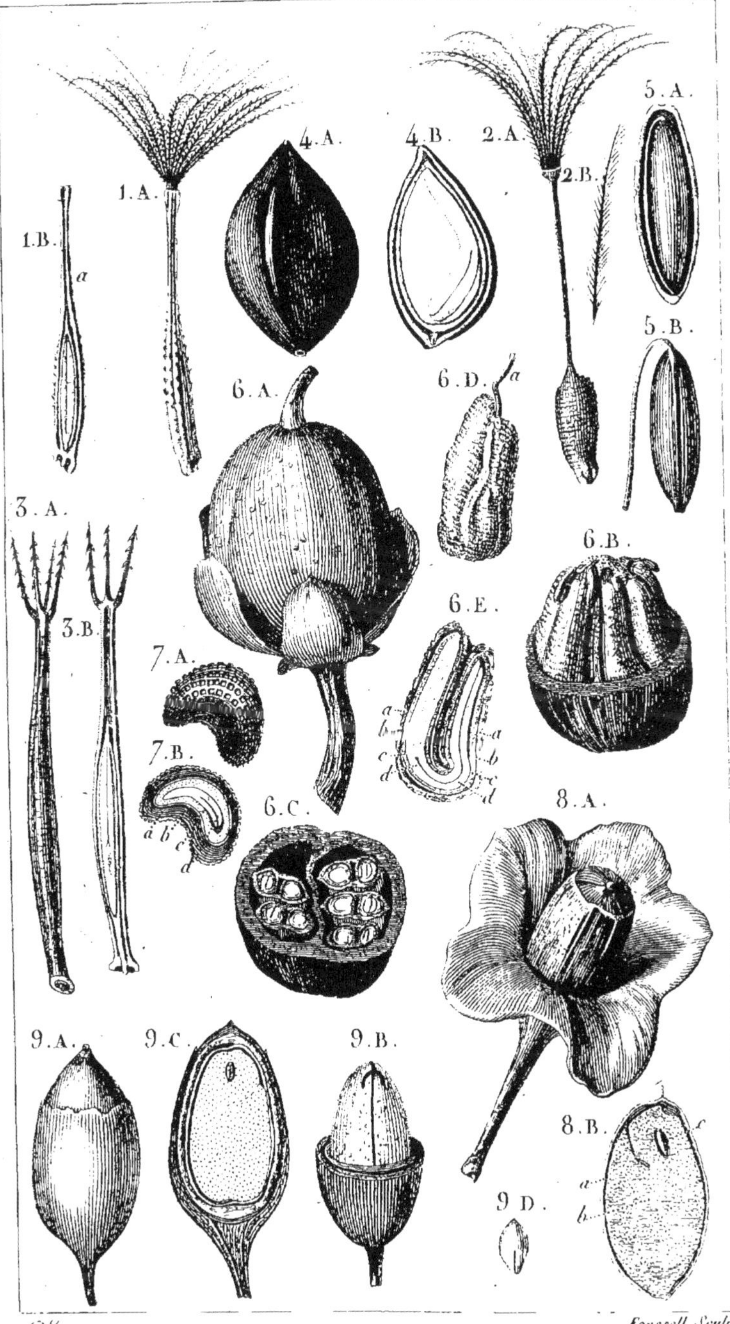

Bt Forssell Sculp.

Fruits.

Pl. 46.

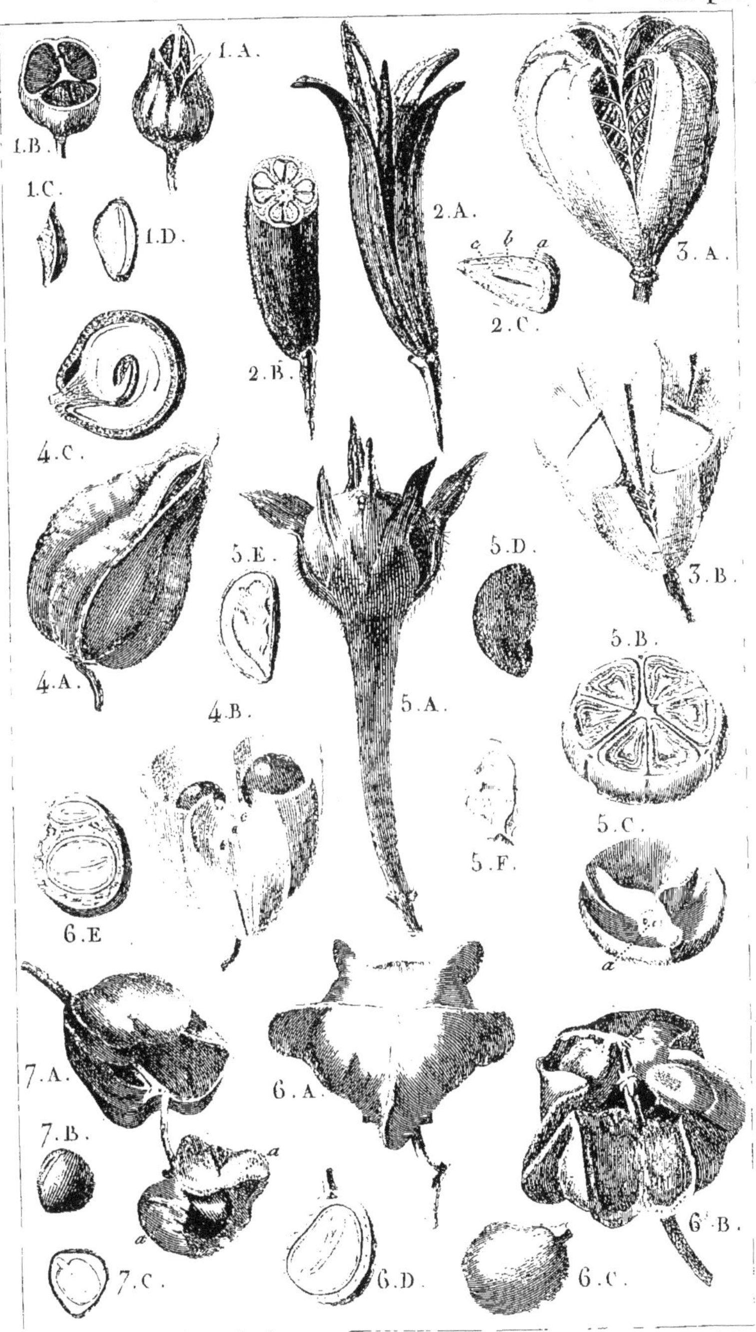

P.H. *Forssell Sculp.*

Fruits.

1. A. 2. A. 3. A. 4. A.

1. B. 2. C. 3. C. 4. B. 1. D.

1. E. 2. B. 3. B. 4. C. 4. D.

1. C. 3. D.

5. B. 5. A. 6. A.

6. B. 5. C. 5. D.

8. A. 7. A. 8. C.

6. D 6. C. 7. B. 8. B. a

Forssell Sculp.

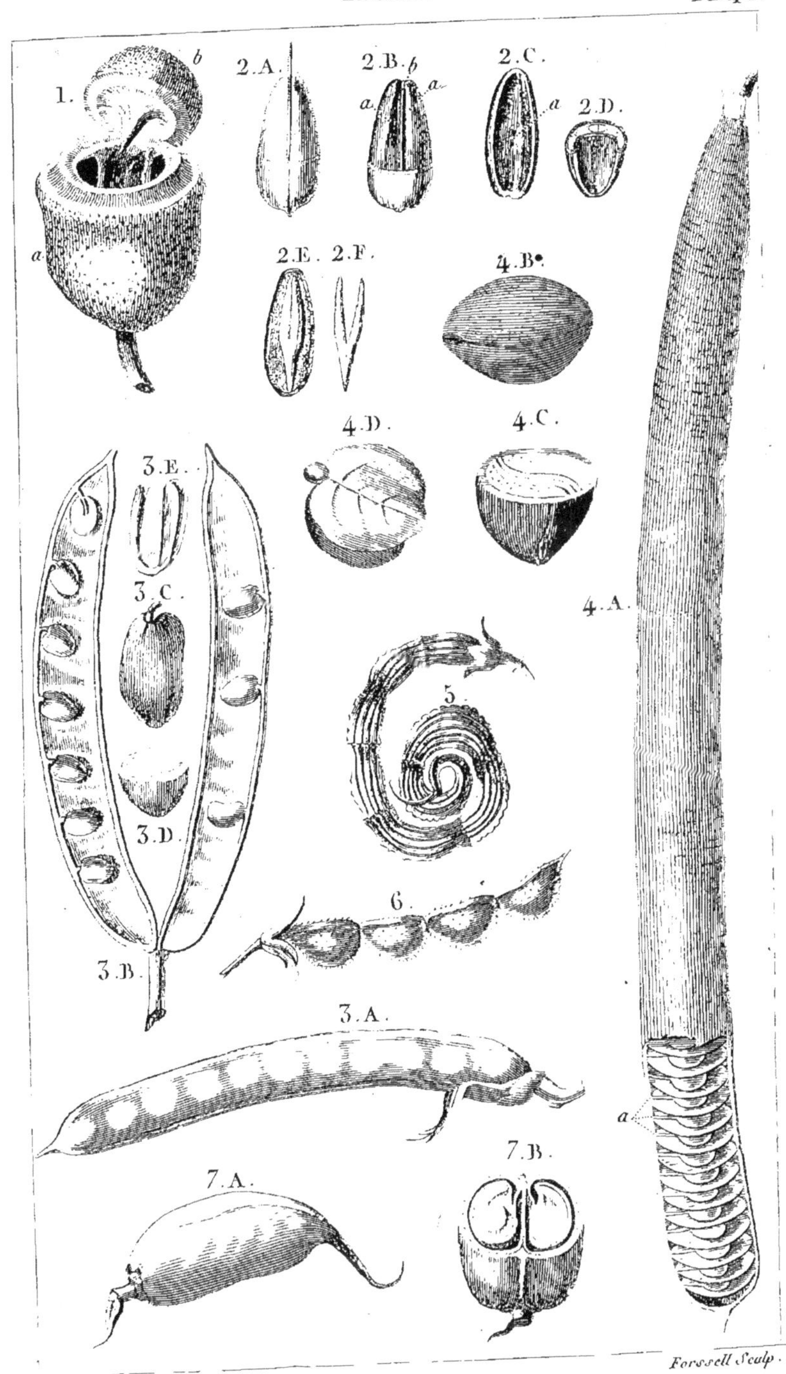

Forssell Sculp.

1.A. 1.B. 2.A.
2.B.
1.C 1.F. 2.C.
1.E.
1.D.
3.B
3.A.
4.G.
4.F.
4.B.
4.H.
4.A.
4.E.
4.D.
4.C.
5.C
5.D.
5.A.
5.B.

Forssell Sculp.

Fruits. Pl. 50.

1.A.
1.B.
2.A.
2.B.
2.C.
2.D.
2.E.
3.A.
3.B.
3.C.
3.D.
3.E.
3.F.
3.G.
4.A.
4.B.
4.C.
5.A.
5.B.
5.C.
Forssell Sculp.

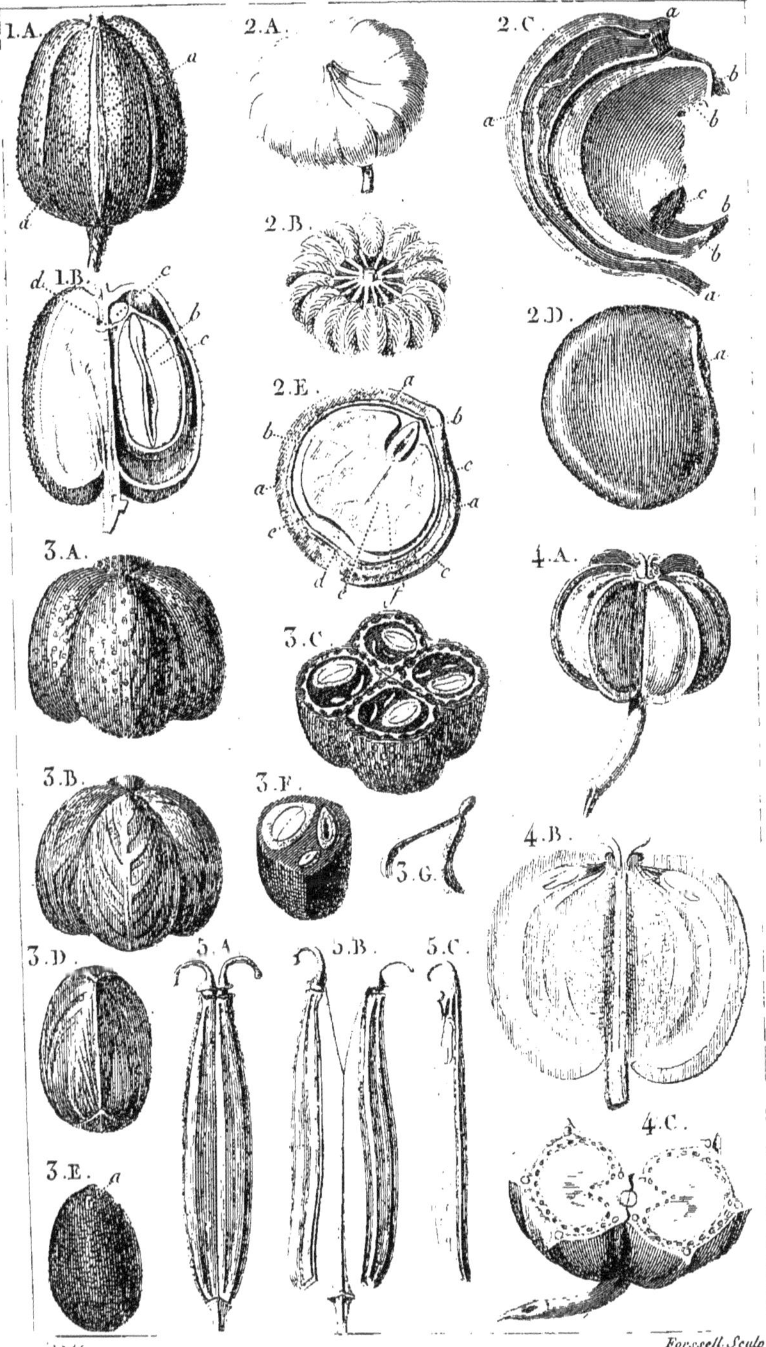

Fruits.

Pl. 51.

Forssell Sculp.

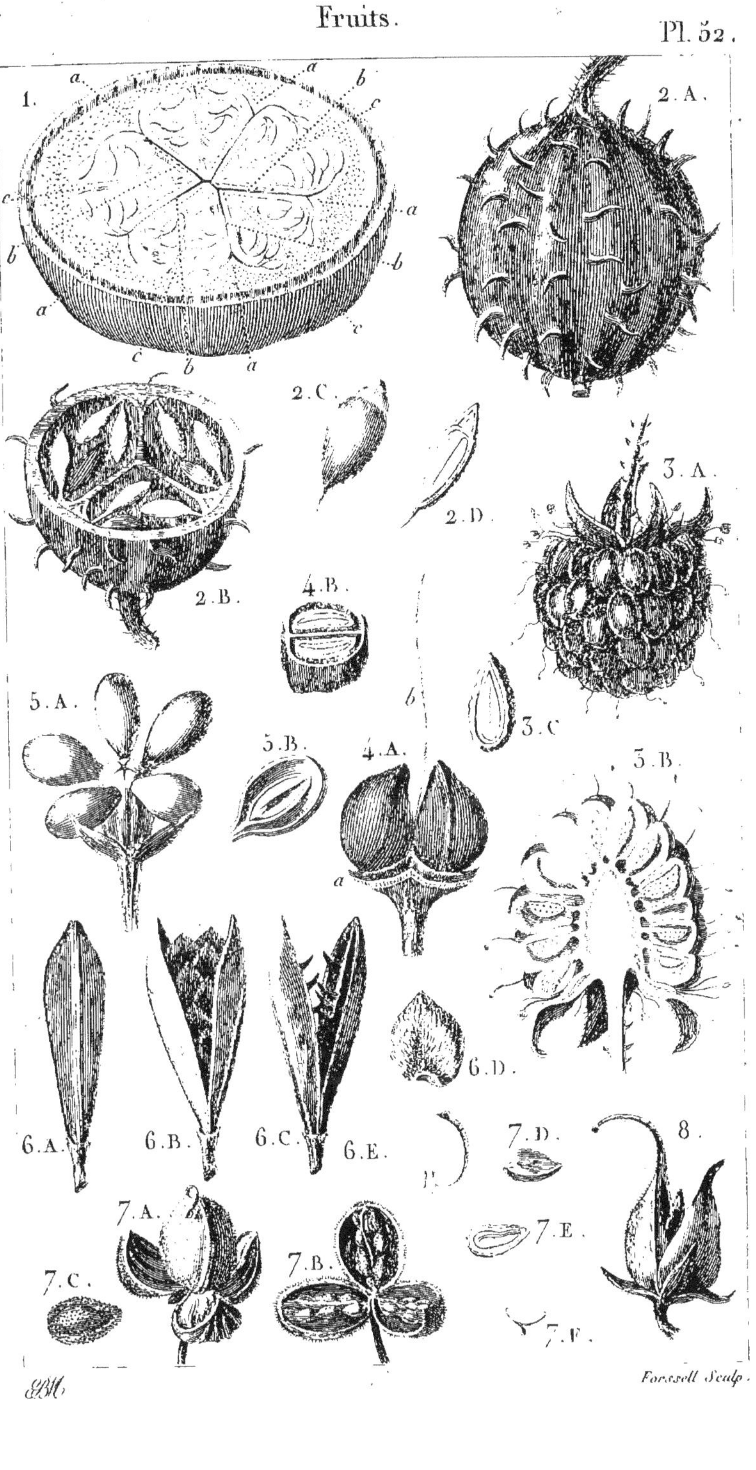

GBH

Forssell Sculp.

Fruits. Pl. 53.

1.A.
1.B.
1.C.
a
2.C.
4.C.
4.B.
2.A.
4.A.
2.B.
2.D.
2.E.
3.A.
3.C.
3.B.
5.A.
5.B.
5.C.
5.E.
5.D.
a
Forssell Sculp.

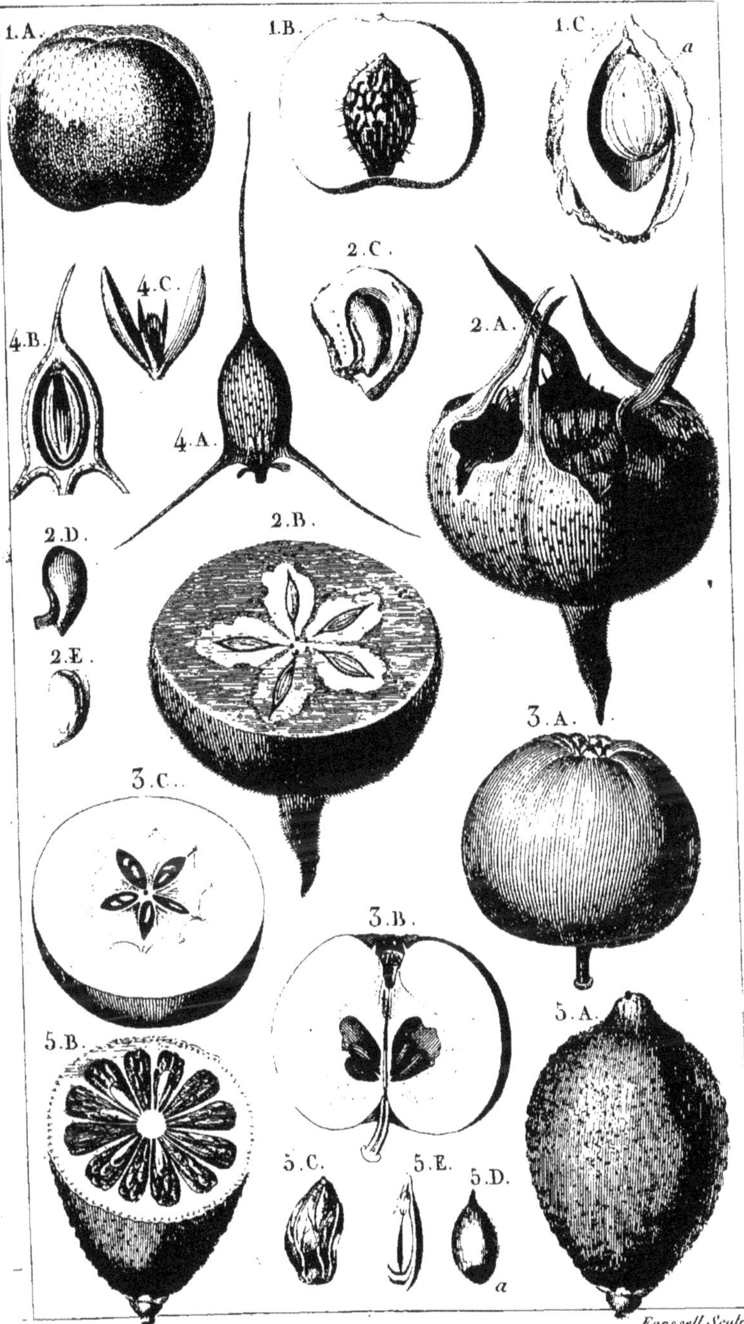

Fruits Pl. 54.

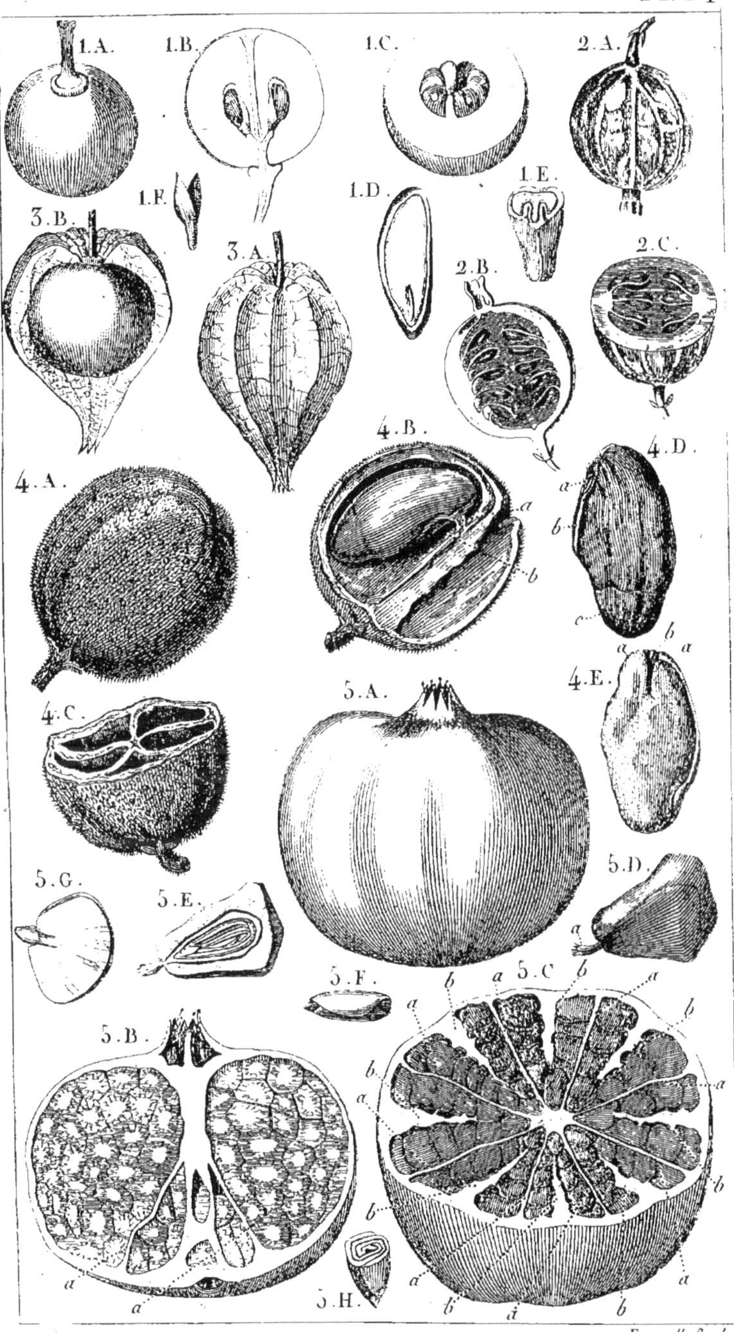

Blt Forssell Sculp.

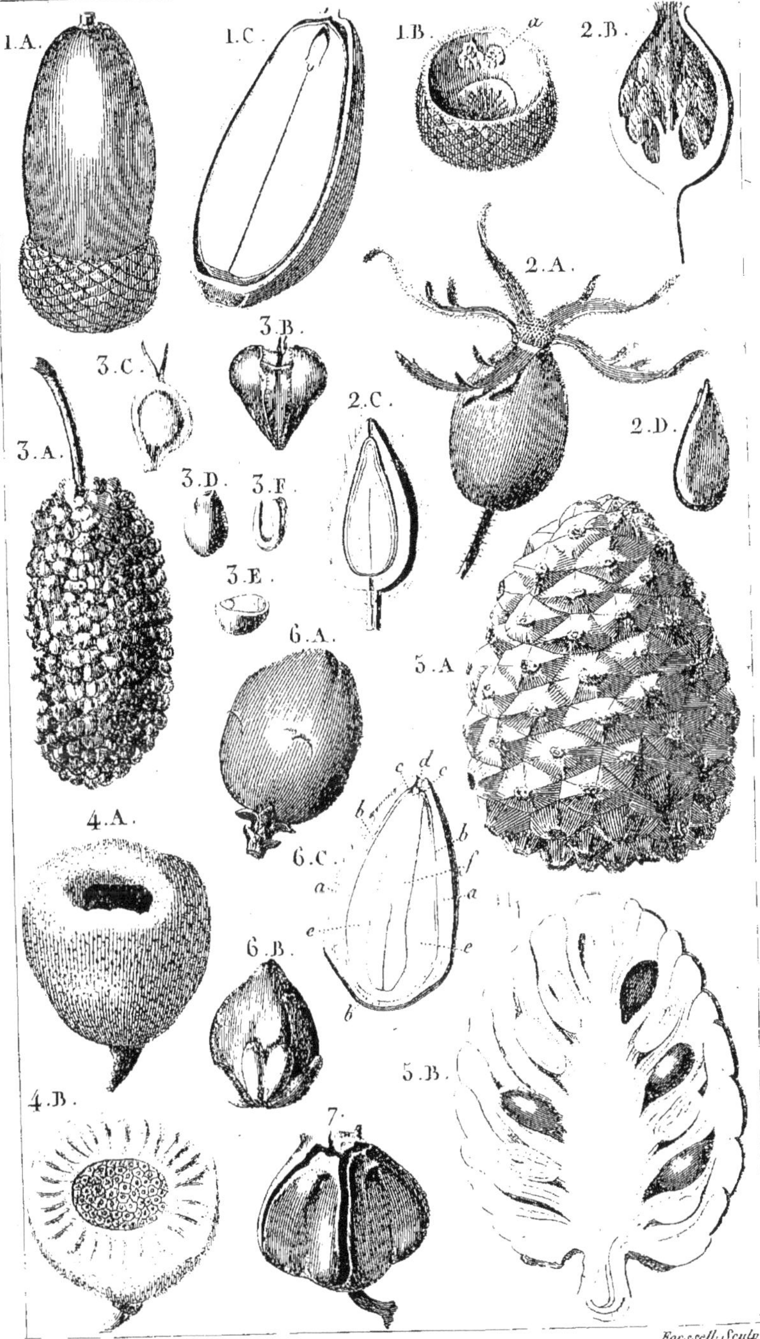
1.A.
1.C.
1.B.
a
2.B.
2.A.
3.B.
3.C.
2.C.
2.D.
3.A.
3.D.
3.F.
3.E.
6.A.
5.A
c
d
c
b
b
6.C.
f
a
a
e
e
b
4.A.
6.B.
5.B.
4.B.
7.
Forssell Sculp.
EBH

Graines et Germinations. Pl. 56.

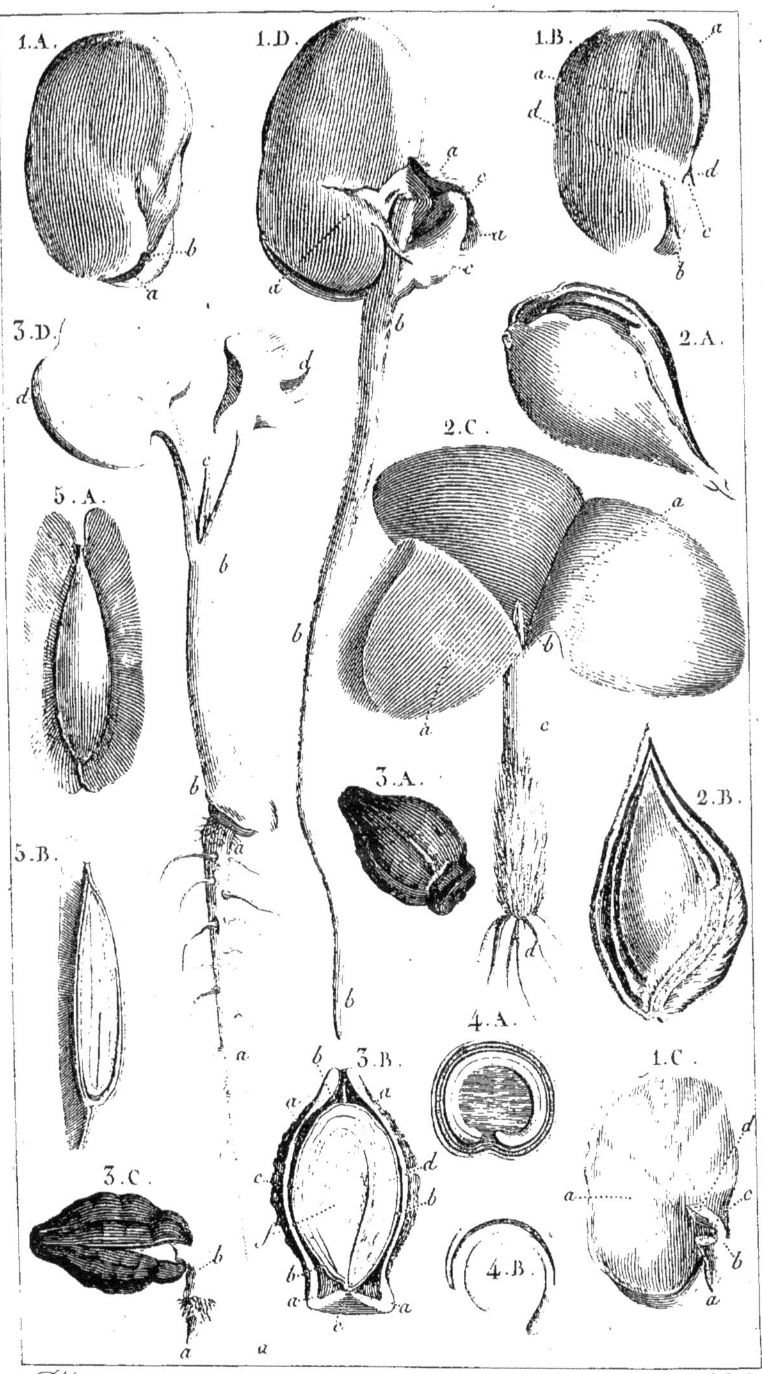

BM Forssell Sculp.

Graines et Germinations. Pl. 57.

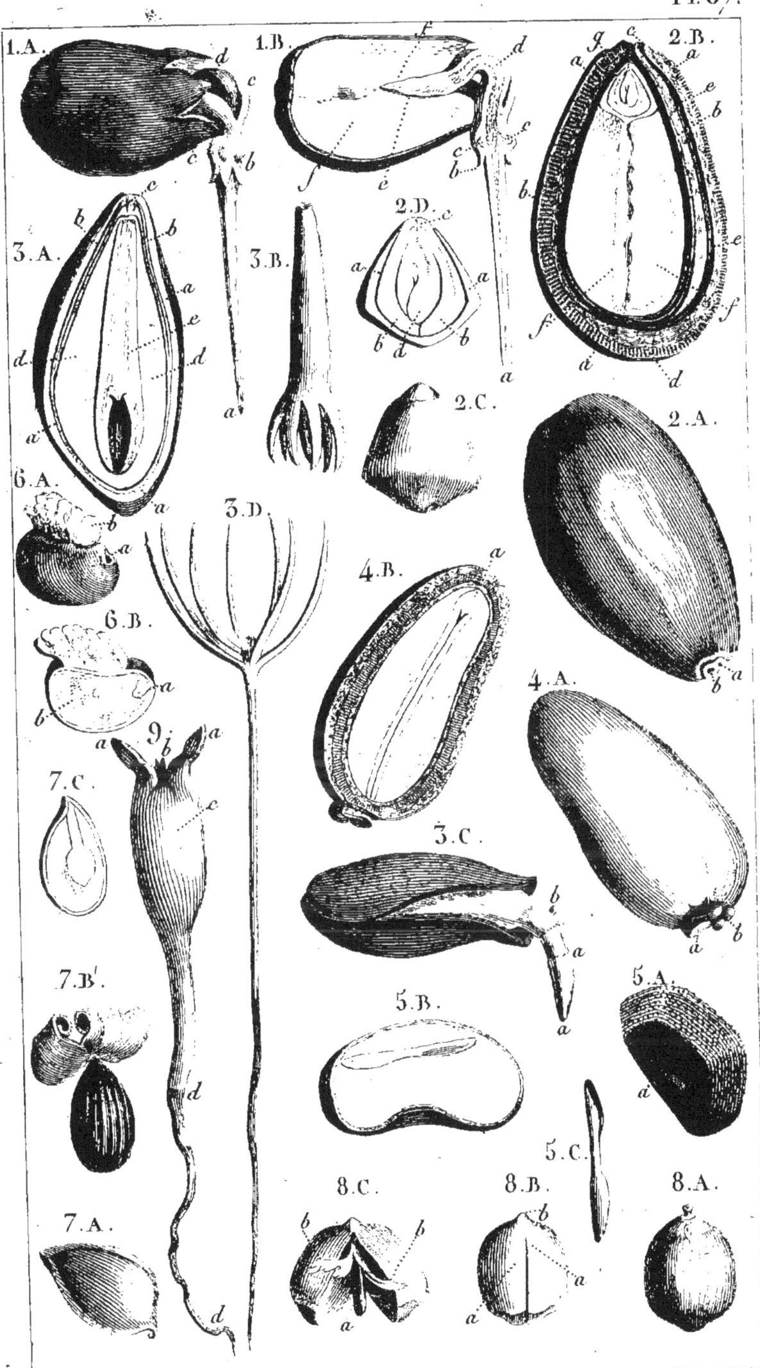

BM Forssell Sculp.

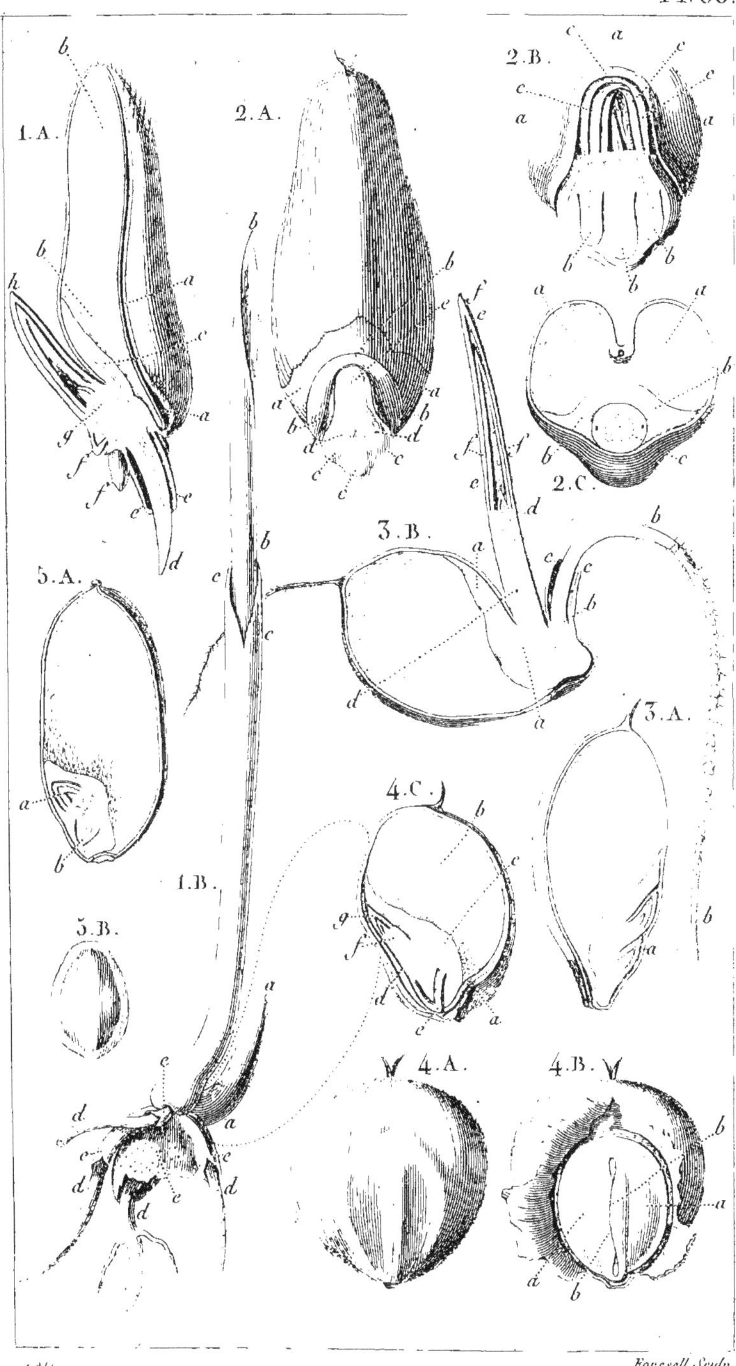

Forssell Sculp.

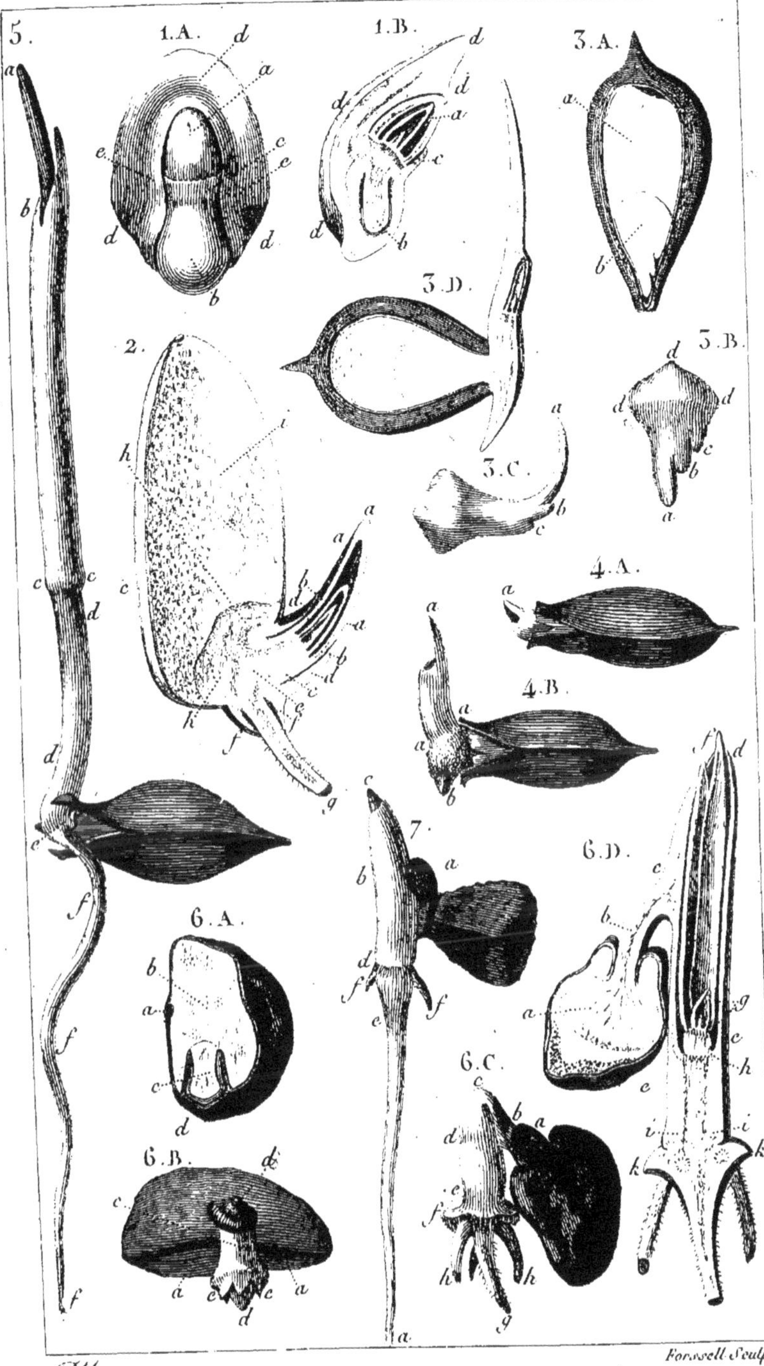

BM

Graines et Germinations. Pl. 60

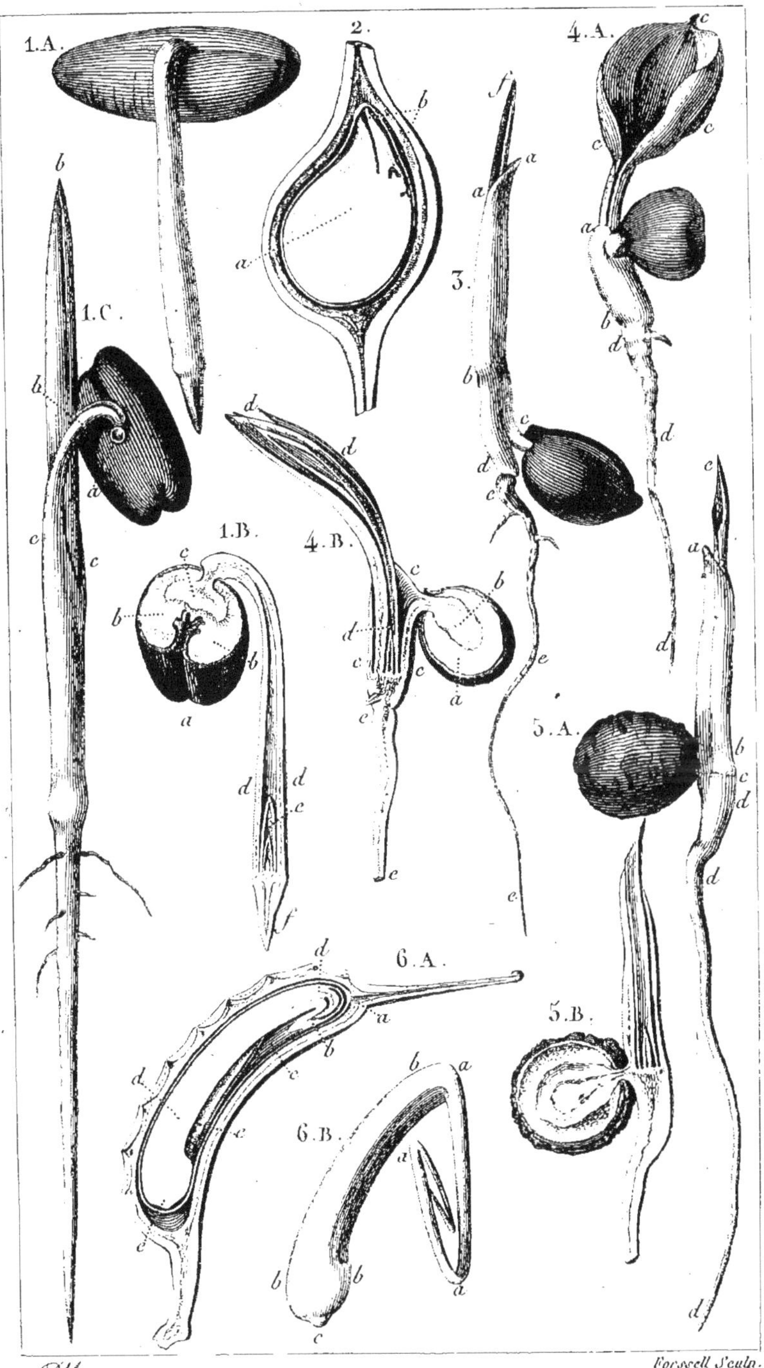

BM Forssell Sculp.

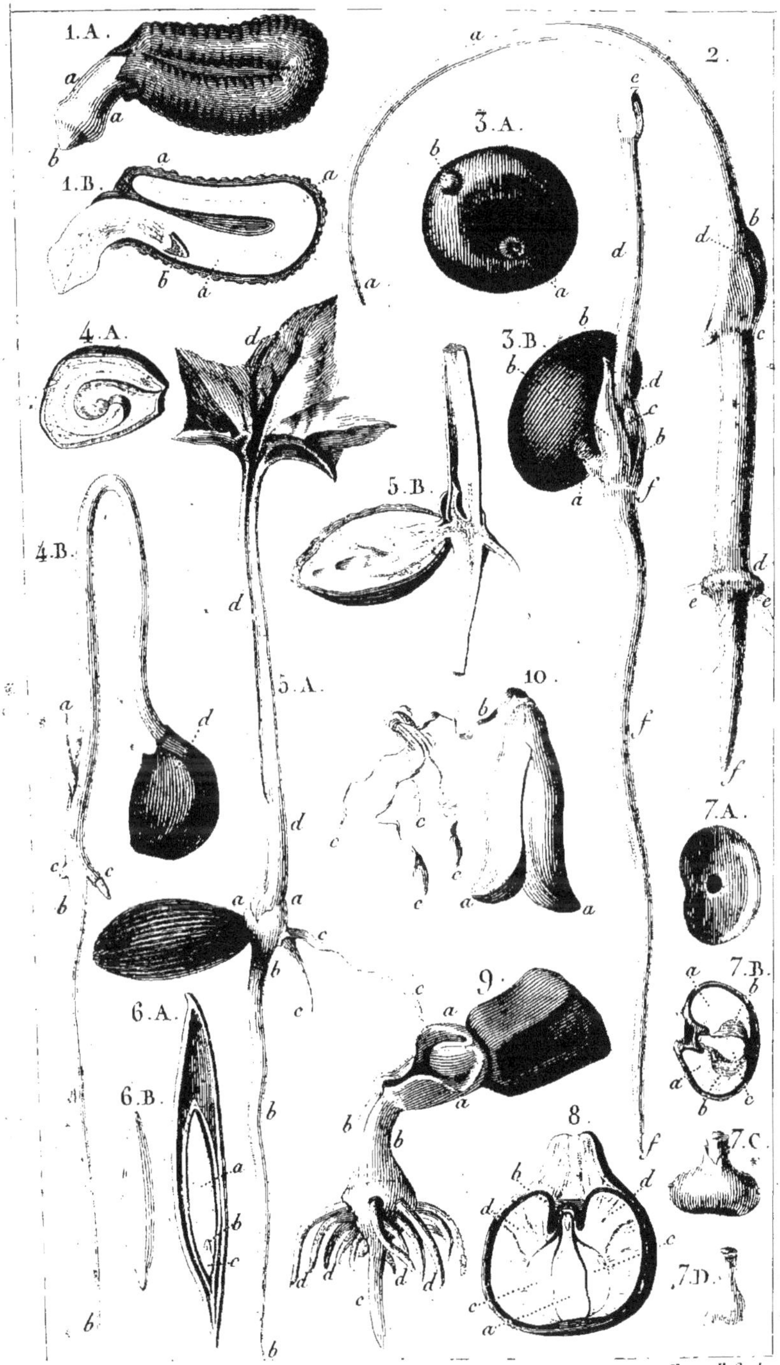

Graines et Germinations.

Pl. 61.

d.B.H.

Forssell Sculp.

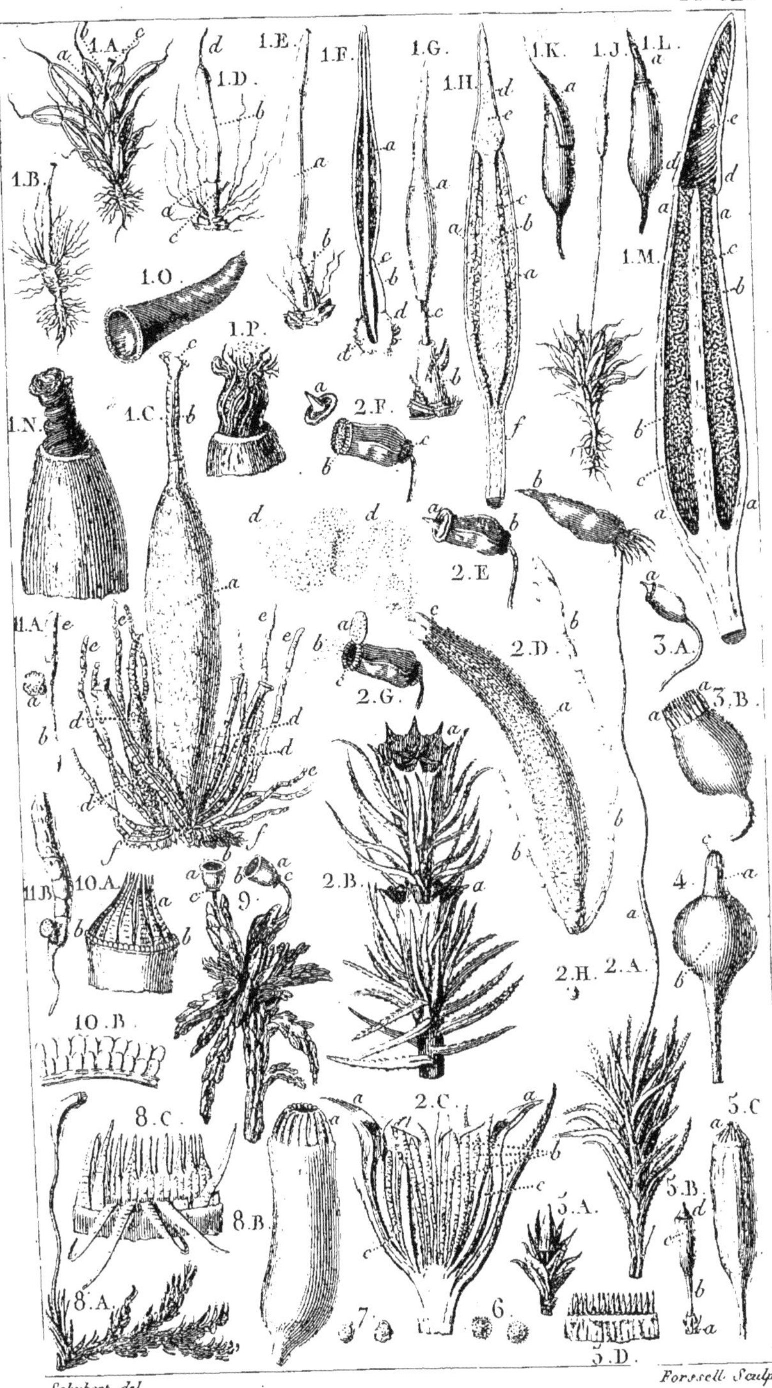
Mousses.
Pl. 62.
Schubert del.
Forssell Sculp.

Jongermaniées.

Pl. 63.

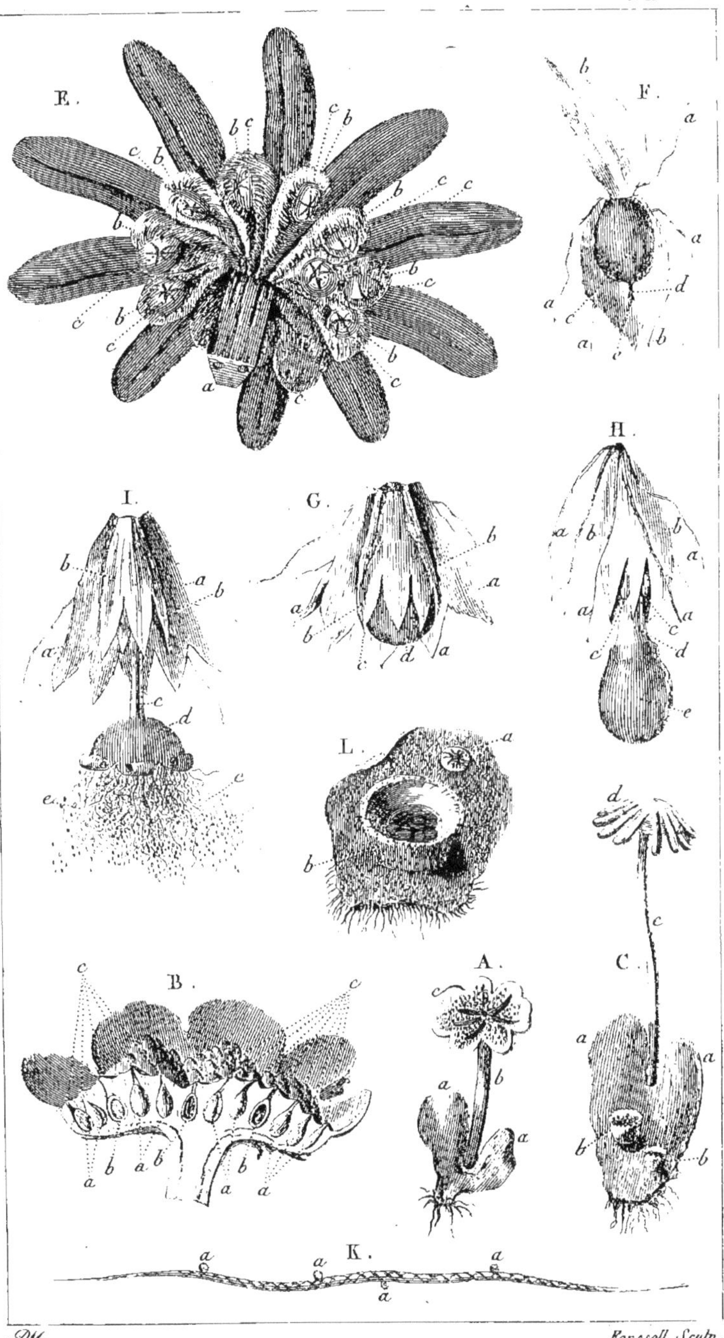

B.M.

Forssell Sculp.

Lycopodiacées. Equisétacées. Fougères. Pl. 64.

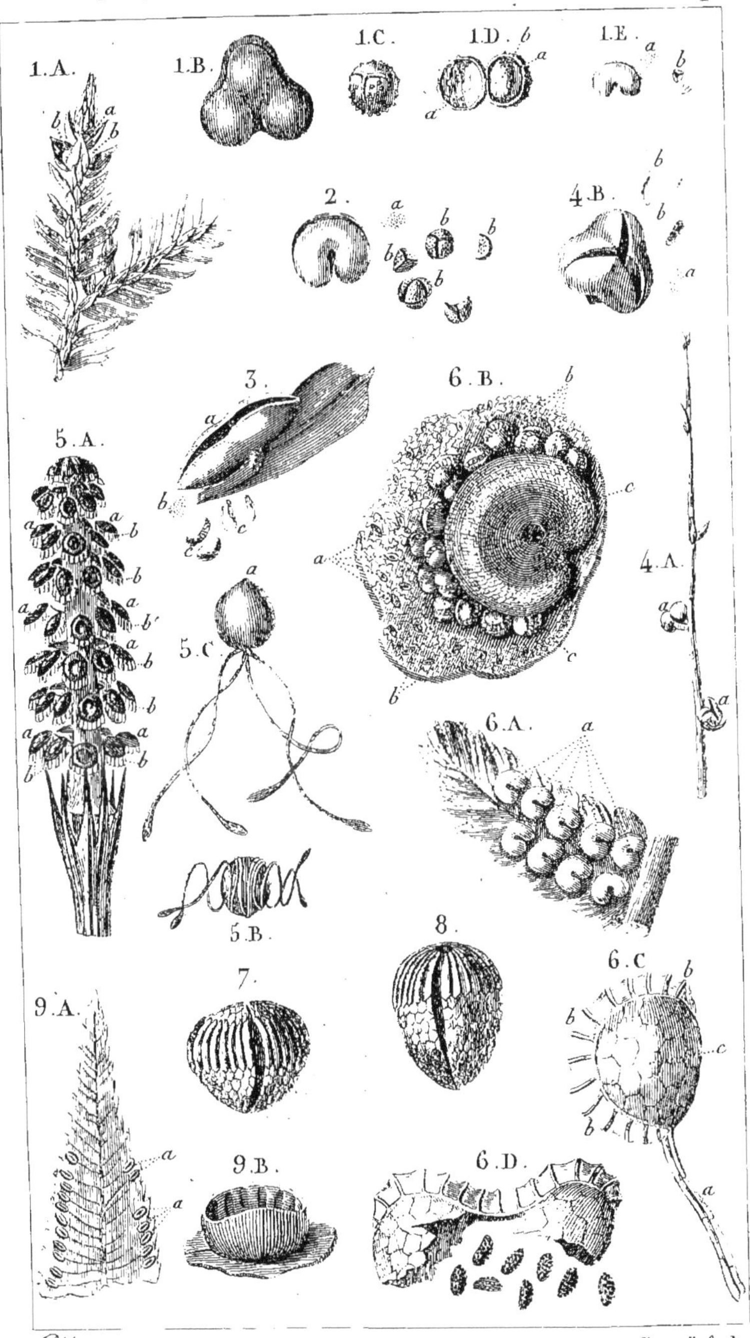

BM. Forssell Sculp.

Lichens. Hypoxylées. Pl. 65.

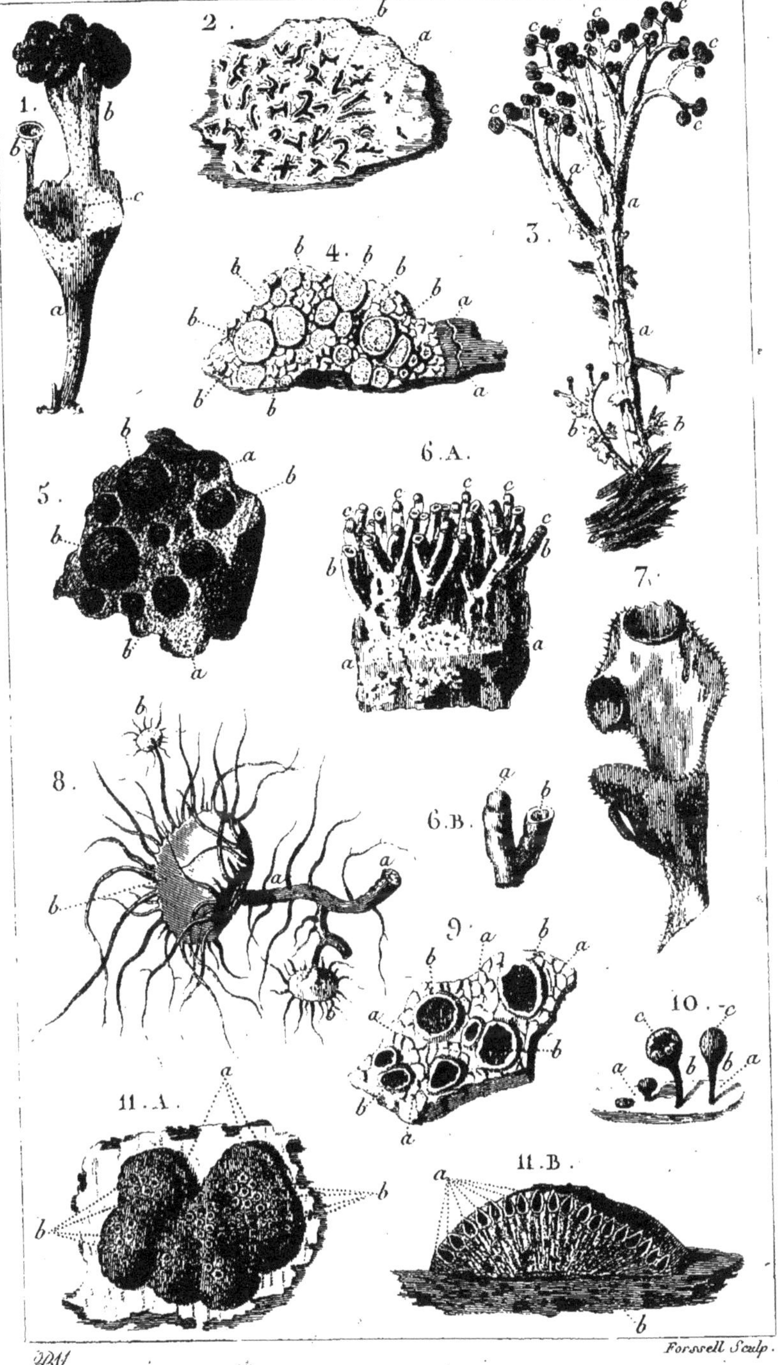

Forssell Sculp.

Hypoxylées. Champignons. Pl. 66.

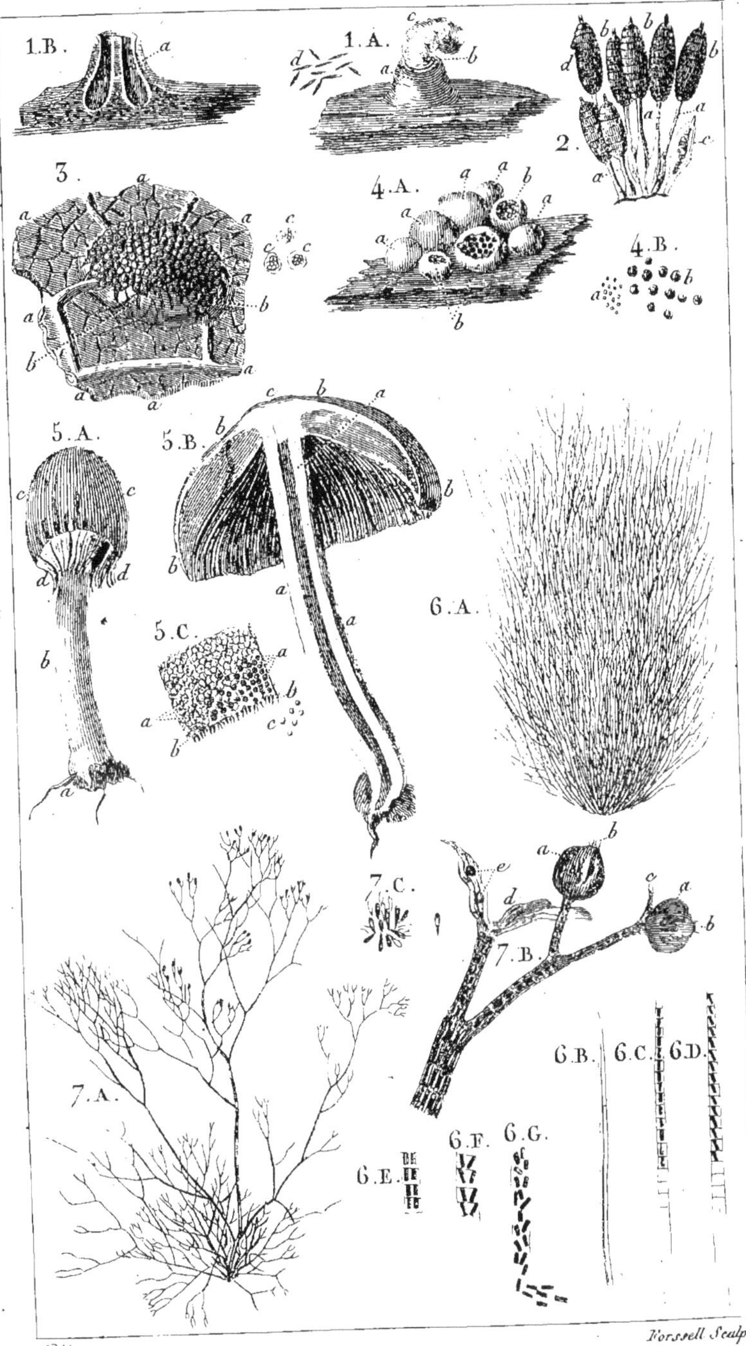

Forssell Sculp.

Conferves. Fucus. Lichens. Pl. 67.

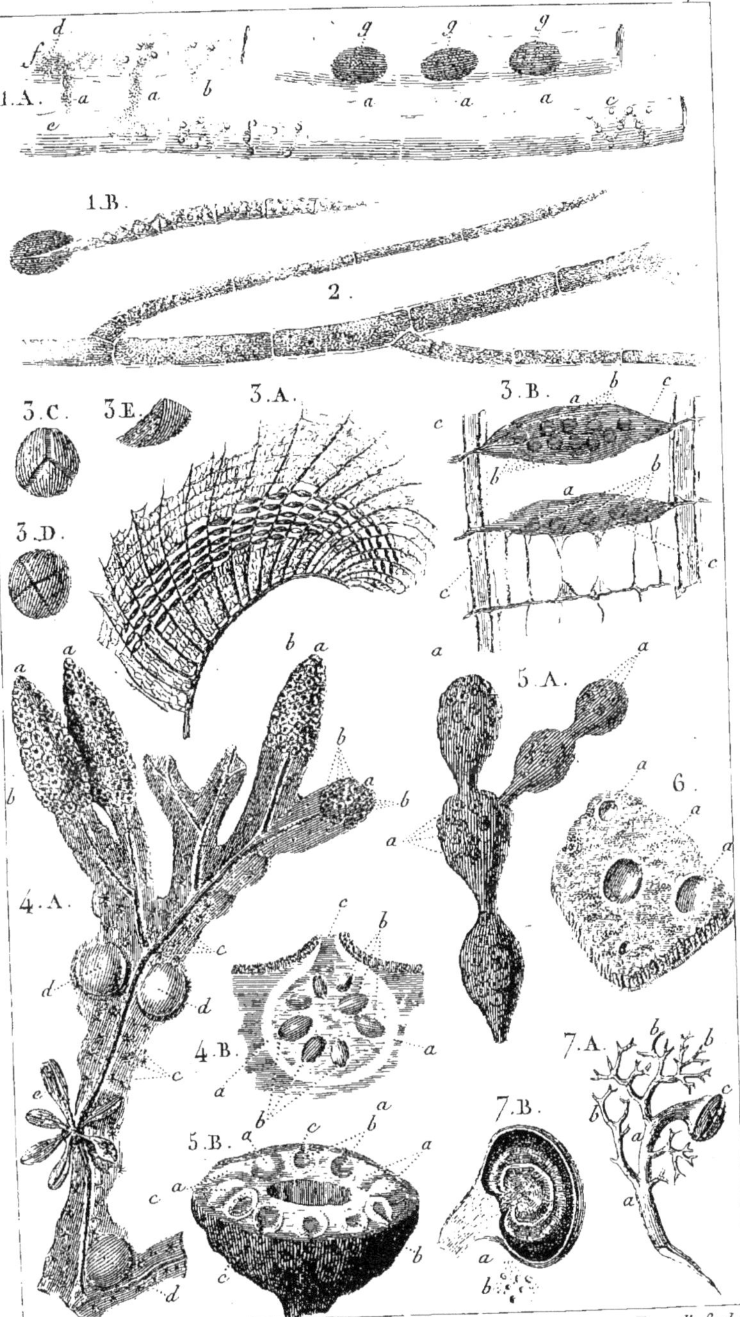

Forssell Sculp.

Méthode de Tournefort. Pl. 68.

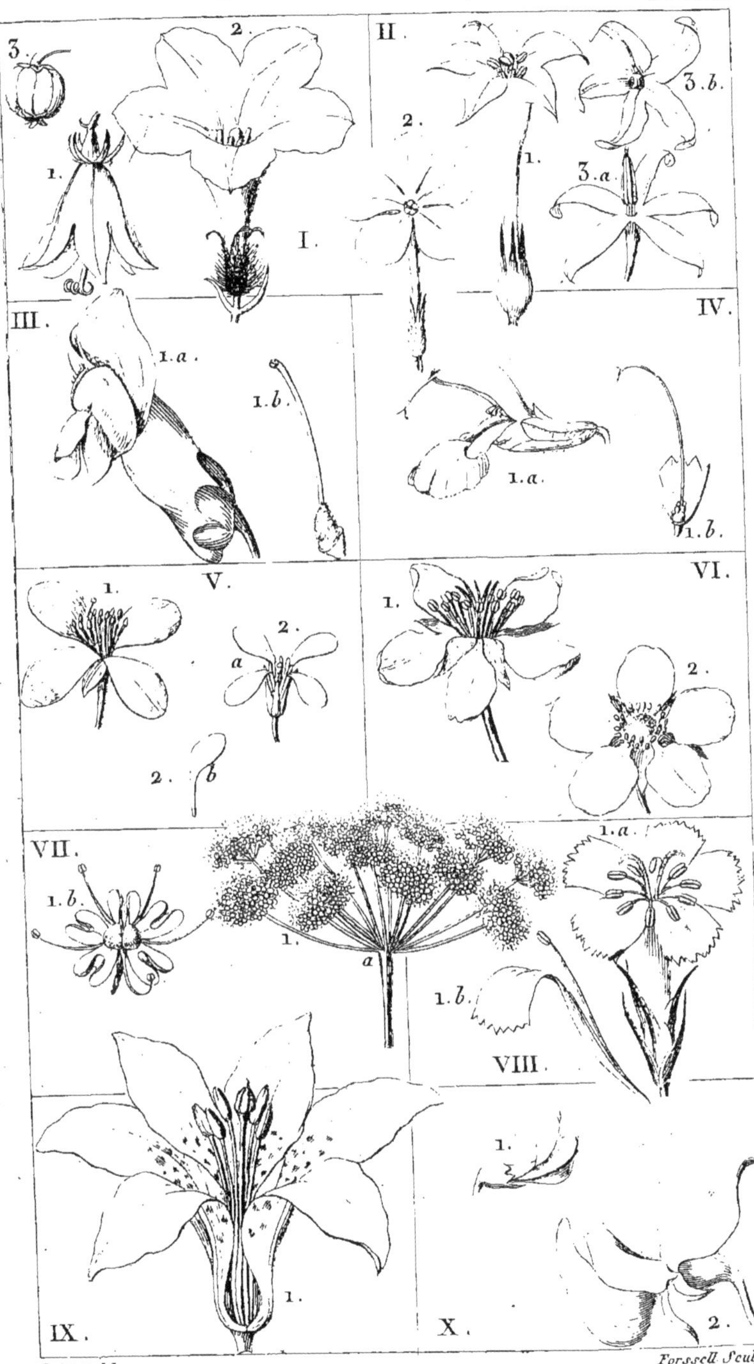

Poiteau del. Forssell Sculp.

Méthode de Tournefort. Pl. 69.

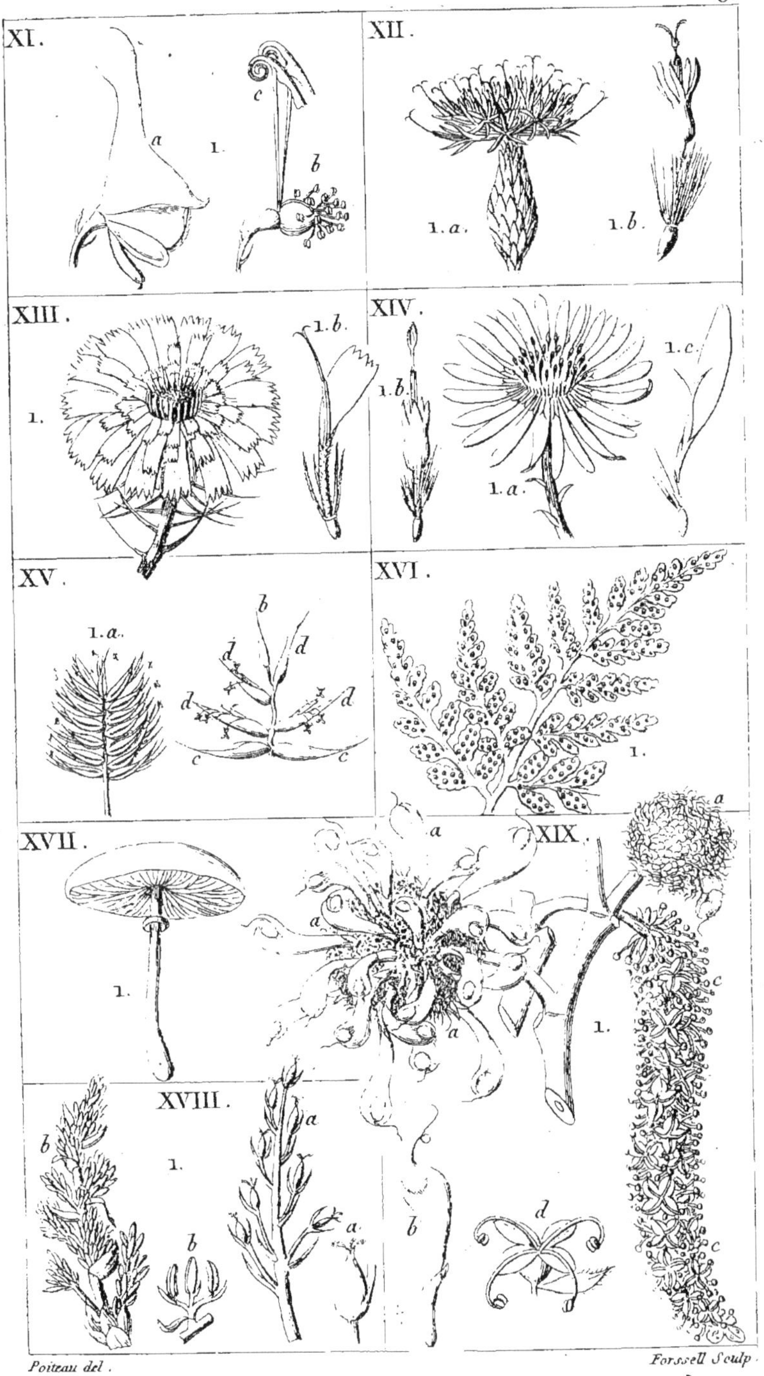

XI.

XII.

XIII.

XIV.

XV.

XVI.

XVII.

XVIII.

XIX.

Poiteau del.

Forssell Sculp.

Système de Linné. Pl. 70.

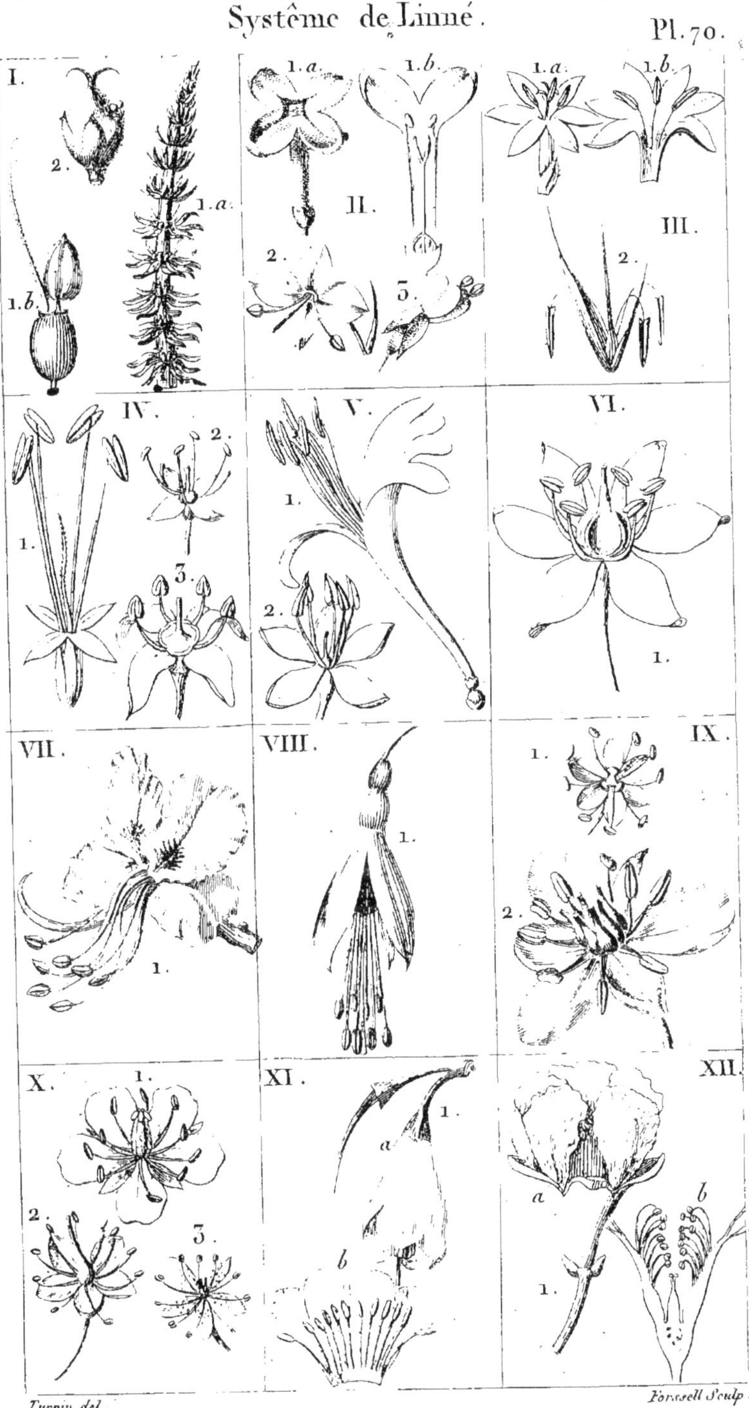

Turpin del. Forssell Sculp.

Système de Linné. Pl. 71.

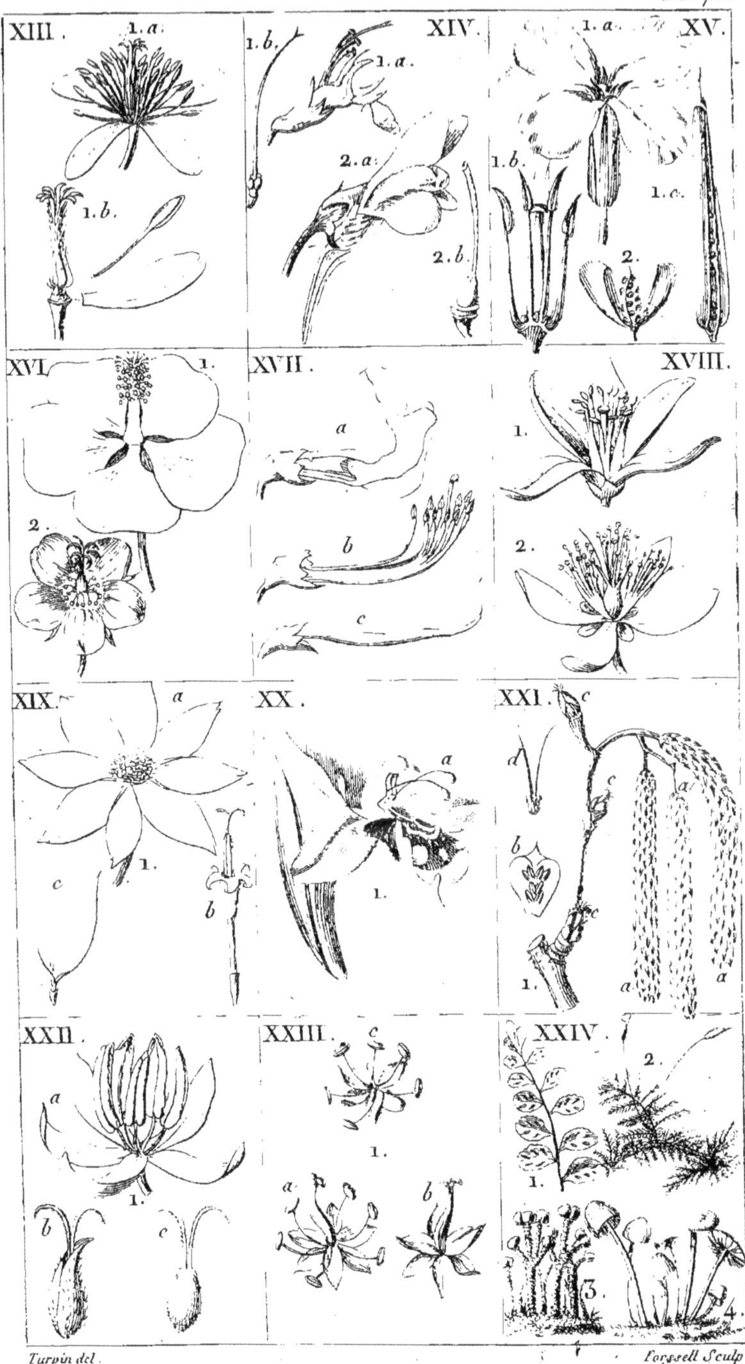

Turpin del. Forssell Sculp.

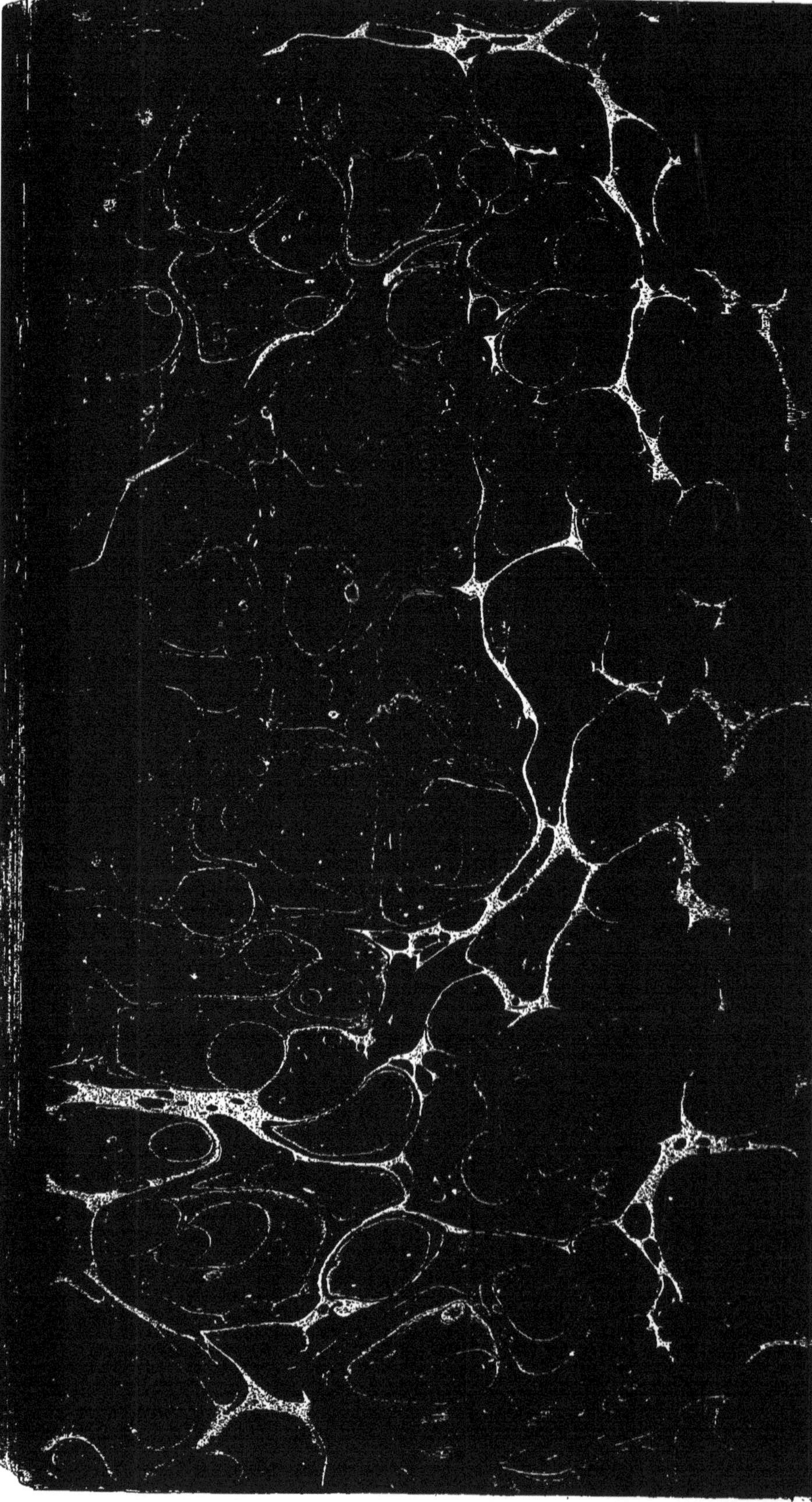

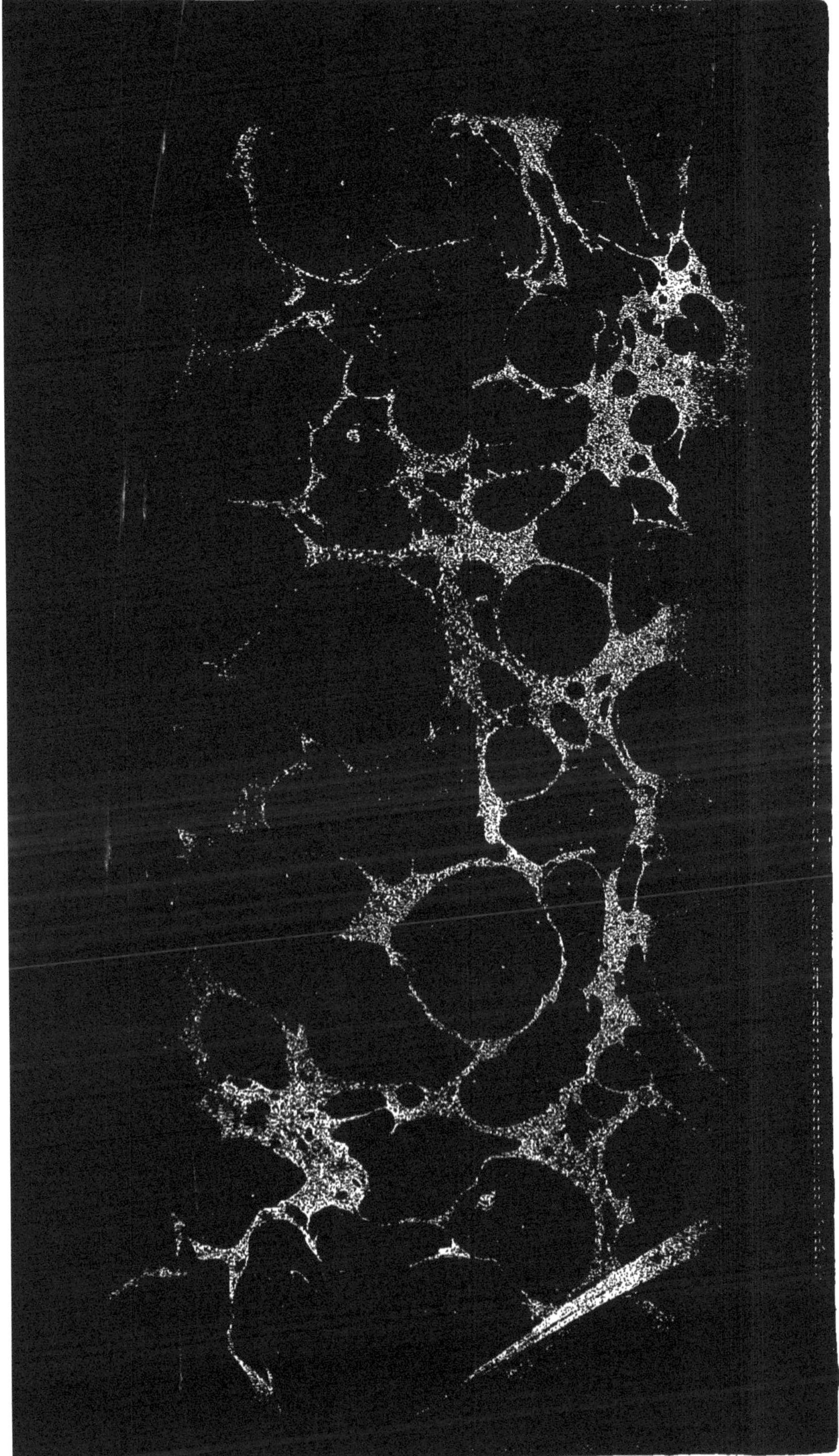